核电厂维修人员专业技能培训教材

通风空调检修

中核核电运行管理有限公司　组织编写

中国原子能出版社

图书在版编目（CIP）数据

核电厂维修人员专业技能培训教材．通风空调检修／中核核电运行管理有限公司组织编写．—北京：中国原子能出版社，2020.11（2024.7 重印）
ISBN 978-7-5221-0968-8

Ⅰ．①核… Ⅱ．①中… Ⅲ．①核电厂–通风设备–设备检修–技术培训–教材 Ⅳ．①TM623.7

中国版本图书馆 CIP 数据核字（2020）第 193117 号

核电厂维修人员专业技能培训教材　通风空调检修

出版发行	中国原子能出版社（北京市海淀区阜成路 43 号　100048）
责任编辑	白皎玮
装帧设计	赵　杰
责任校对	冯莲凤
责任印制	赵　明
印　　刷	中煤（北京）印务有限公司
经　　销	全国新华书店
开　　本	787 mm×1092 mm　1/16
印　　张	6.75
字　　数	169 千字
版　　次	2020 年 11 月第 1 版　2024 年 7 月第 2 次印刷
书　　号	ISBN 978-7-5221-0968-8　　**定　价　48.00 元**

网址：http://www.aep.com.cn　　**E-mail：atomep123@126.com**
发行电话：010-88828678
版权所有　侵权必究

核电厂维修人员专业技能培训教材

通风空调检修

编审委员会

主　任	邹正宇			
副主任	朱晓斌	刘崇都	吴炳泉	董军成
委　员	王孔钊	王晓波	方幼君	卢才华
	叶丹萌	朱　磊	孙国忠	李厚文
	吴小海	吴明亮	邹俊磊	张世敏
	周瑞东	郑建华	费志松	徐宏明
	盛建华	韩光辉	蒲晓彬	樊鹏飞
编　者	王　波	毛海谊	史佳俊	邢琎娟
	孙　营	李文越	郭宏宇	董玉领
审　者	王　波	方幼君	卢才华	许永军
	忻　勇	韩光辉		

出版前言

为保障入职一年以上的核反应堆维修员工获得应对正常工况和紧急情况所需的工作技能和技术水平，中核核电运行管理有限公司维修领域各处室和综合培训处在完成维修专业技能培训科目编制和教学实施工作的基础上，继续推动了《维修专业技能培训教材》通风空调合订本的出版工作。

《维修专业技能培训教材》通风空调合订本中所有科目于 2015 年编制完成。2016 年开始面向维修领域入职一年以上的员工进行教学实施，并纳入中核核电运行管理有限公司各维修处室的岗位培训清单。《维修专业技能培训教材》通风空调合订本的所属科目对维修领域的员工技能培训工作中起到了“提高维修技能水平、保障机组安全生产”的作用。为了更好发挥维修专业技能培训教材的作用，配合核电厂维修领域工作的顺利有序开展，便于培训部门有效地组织培训，正确引导学员通过培训、学习，提高自身素质和能力，中核核电运行管理有限公司综合培训处组织印刷出版《维修专业技能培训教材》通风空调合订本。

《维修专业技能培训教材》通风空调合订本内容紧扣维修领域入职一年后的员工所迫切需要掌握的维修相关技能；通过对核电厂共性专业设备中通风空调知识学习和基本操作技能演练，正确辨识相关参数，通过对核电厂共性通风空调设备基本操作演练，正确认识岗位上专业维修通风空调设备的基本操作方法，进而提升核电厂维修人员对通风空调设备进行规范操作的能力。

《维修专业技能培训教材》通风空调合订本包含 6 个部分。其中第一部分 常用通风空调的检修工具专业技能培训由邢琎娟负责编写，第二部分 皮带专业技能培训由毛海谊负责编写，第三部分 风阀专业技能培训由董玉领负责编写，第四部分 风机专业技能培训由孙营、史佳俊负责编写，第五部分 柴油机定期检查及试验专业技能培训由毛海谊负责编写，第六部分 风管专业技能培训由李文越负责编写。内容涵盖核电厂共性专业设备中通风空调设备的理论知识和基本操作技能。

《维修专业技能培训教材》通风空调合订本的编制出版，凝聚着编、审、校、排、印及组织管理人员的大量辛勤劳动和心血，同时得到了相关部门的大力支持和热情帮助，在此表示深深地谢意！

《维修专业技能培训教材》通风空调合订本中如有不妥之处，恳请批评指正。

中核核电运行管理有限公司

目　录

第一部分　常用通风空调的检修工具

第二部分　皮　带

第三部分 风 阀

第四部分　风　机

第五部分　柴油机定期检查及试验

第六部分　风　管

第一部分　常用通风空调的检修工具

第一章　操作准备

1.1　原理描述

1.1.1　力矩扳手

力矩扳手(如图1-1所示)又叫扭矩扳手、扭力扳手、扭矩可调扳手，是扳手的一种。按动力源可分为电动力矩扳手、液压力矩扳手及手动力矩扳手；手动力矩扳手可分为预置式、表盘式和数显式。一般情况下，力矩扳手需要根据螺母的外径尺寸配合相应的套筒头使用。重型组合套筒示意图如图1-2所示。

图1-1　力矩扳手示意图

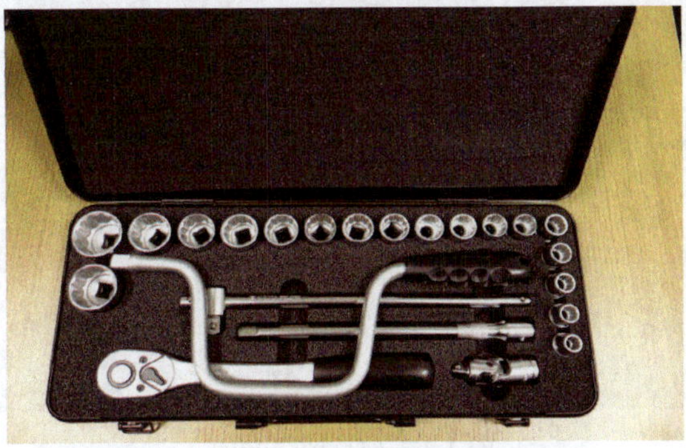

图1-2　重型组合套筒示意图

力矩扳手最主要特征就是：可以设定扭矩，并且扭矩可调。力矩扳手既可初紧又可终紧，它的使用是先调节扭矩，再紧固螺栓。实际使用中，需要根据需要的力矩值选择合适的力矩扳手型号。

1.1.2 轴承加热器

轴承加热器主要用于对轴承、齿轮、轴套、直径环、滑轮、收缩环等多种类型的金属件进行加热。轴承加热器通过加热使之膨胀，达到过盈装配的需要。原理是较厚的金属处于交变磁场中时，会由于电磁感应现象而产生电流。而较厚的金属其产生电流后，电流会在金属内部形成螺旋形的流动路线，这样由于电流流动而产生的热量就都被金属本身吸收了，使金属很快升温。SKF TMBH1 轴承加热器示意图如图 1-3 所示。

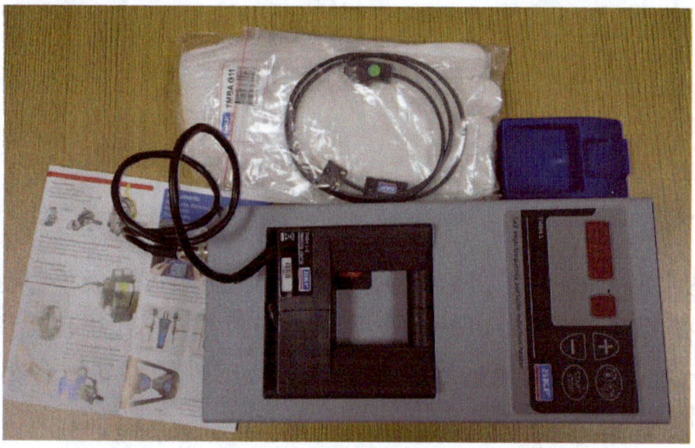

图 1-3 SKF TMBH1 轴承加热器示意图

1.1.3 划垫器

自制软垫片应用剪刀剪成带柄的垫片，需用量大时宜用划垫器(如图 1-4 所示)制作。

大直径的软垫片要拼接时，应剪得能够实现斜口搭接，不得采取平口对接。软垫片应装在两法兰密封面中间，且与它们同心，不得偏移。

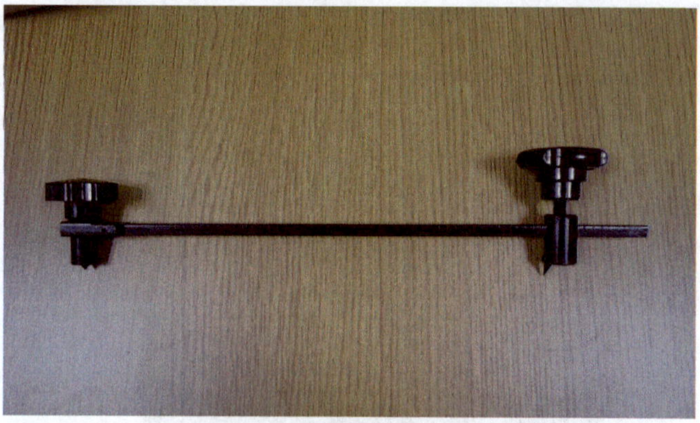

图 1-4 划垫器示意图

1.1.4　拉马

拉马是一种简单、方便兼具安全的拉拔工具，常用于轴承与轴相分离的拆卸与安装。主要分为机械拉马与液压拉马两类。

一般直径小、拉力不大的工件选用机械拉马（如图 1-5 所示）就行，直径大、拉力超过 10 t 就要用液压拉马了。液压拉马是一种替代传统拉马的新型理想工具，以油压起动杆直接前进移动，故推动杆本身不做转动。钩爪座可随螺纹直接做前进后退之调距，操作时只要把手前后小幅度摆动，油压起动杆前移，钩爪相对应后退，将被拉物体拉出。

液压拉马类别分为：一体式液压拉马（如图 1-6 所示）、分离式液压拉马、耦合器专用拉马、移动式液压拉马、分离式防滑液压拉马、车载式液压拉马等类型。液压拉马的使用示意图如图 1-7 所示。

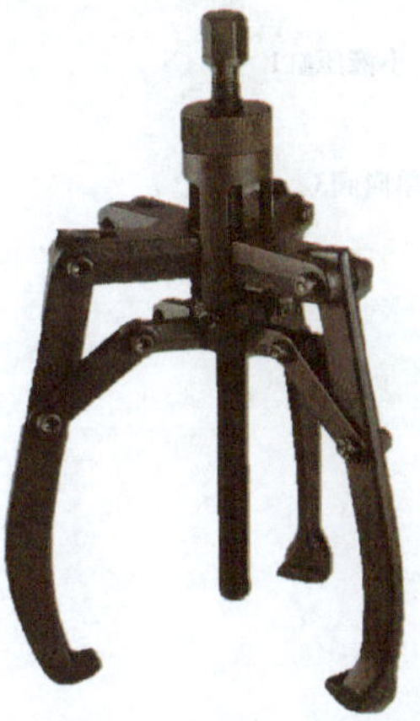

图 1-5　机械拉马示意图

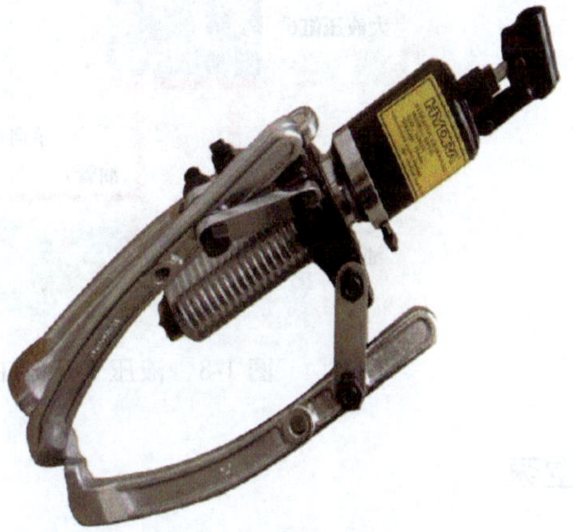

图 1-6　一体式液压拉马示意图

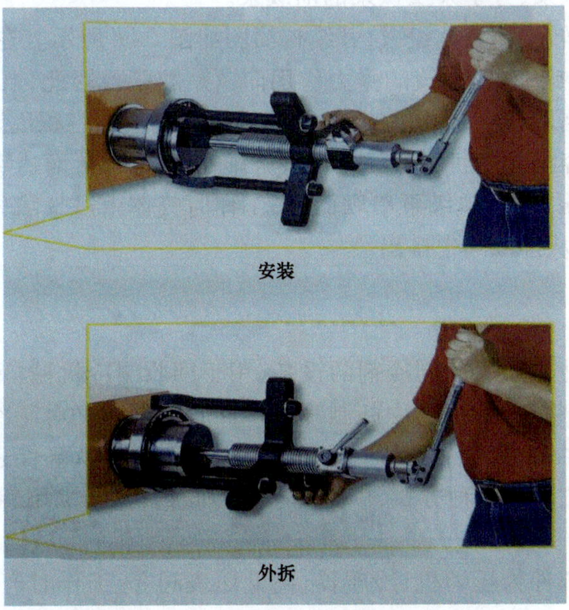

图 1-7　液压拉马的使用示意图

1.1.5　千斤顶

千斤顶一般由压杆、大小活塞、单向阀、放油阀、油箱等部件组成。液压千斤顶工作原理如图1-8所示。在工作中当压杆向上抬起时,小液压缸1的下腔形成部分真空,这时单向阀2关闭,单向阀3打开,油箱4内的油在大气压的作用下进入小液压缸下腔,完成一次吸油动作。接着压下压杆,小液压缸下移,这时单向阀3开始关闭,单向阀2开始打开,小缸下腔的压力油进入大液压缸的下腔,推动大活塞将重物向上顶起一段距离。如此反复提压压杆,就可以使重物不断升起,达到起重的目的。

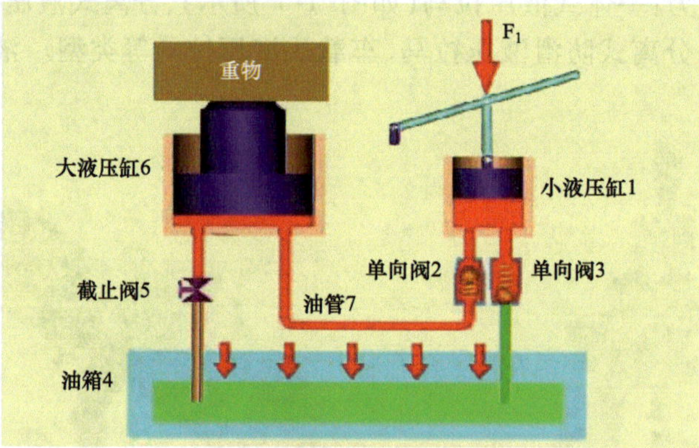

图1-8　液压千斤顶工作原理图

1.1.6　真空泵

核电站常用的2X旋片式真空泵是用来对密闭容器抽除气体获得真空的基本设备,亦可为真空泵、罗茨泵、扩散泵、分子泵及钛泵的前级泵。

该泵主要由泵体、转子和旋片组成,其结构简图如图1-9所示。在泵腔内偏心地装着转子,转子槽里装入两块旋片,由弹簧的弹力作用而紧贴腔壁。因此,泵体的进排气腔被转子和旋片分成两部分。当转子在泵腔内旋转,周期性地将进气腔容积逐渐扩大而吸入气体,同时逐渐缩小排气腔的容积,将已吸入气体压缩,从排气阀排出,从而达到抽气目的。

本泵系双级结构泵,由两单级泵串联而成,工作时气体由进气嘴先被吸进前级,然后排入后级,经过后级压缩从排气阀中排出。

1.1.7　抽氟机

抽氟机是一种专业用来回收制冷剂的设备,用于回收制冷机械(民用、商用空调、冷柜、热泵机组、螺杆离心机组等制冷机)中的制冷剂。回收的同时又对制冷剂进行一定的处理,如干燥、杂质的过滤、油分等,以便于制冷剂的二次利用,无论从环保还是经济的角度上,抽氟机有直接回收和推拉回收两种方式,广泛用于制冷暖通行业,家用、商用中央空调、制冷机生产厂家及售后服务。

抽氟机内部核心部件为压缩机、冷凝器、高低压表阀等,工作时产生压力差从而使制冷剂等介质从其中一个制冷系统转移到目标系统中。这么一个转移的过程就完成了制冷剂的回收或者加注。抽氟机简图如图 1-10 所示。

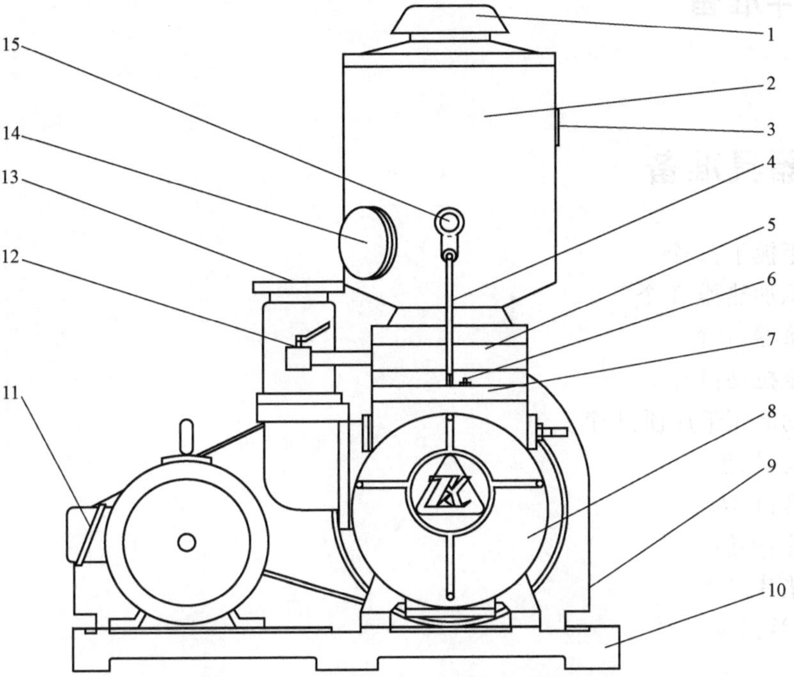

图 1-9　2X 旋片式真空泵结构简图

1—排气帽；2—油箱；3—铭牌；4—油管；5—排气室；6—回油调节阀；7—阀座；8—泵；9—防护罩；10—底板；11—电机；12—放油阀；13—进气口；14—油箱观察口盖；15—油镜

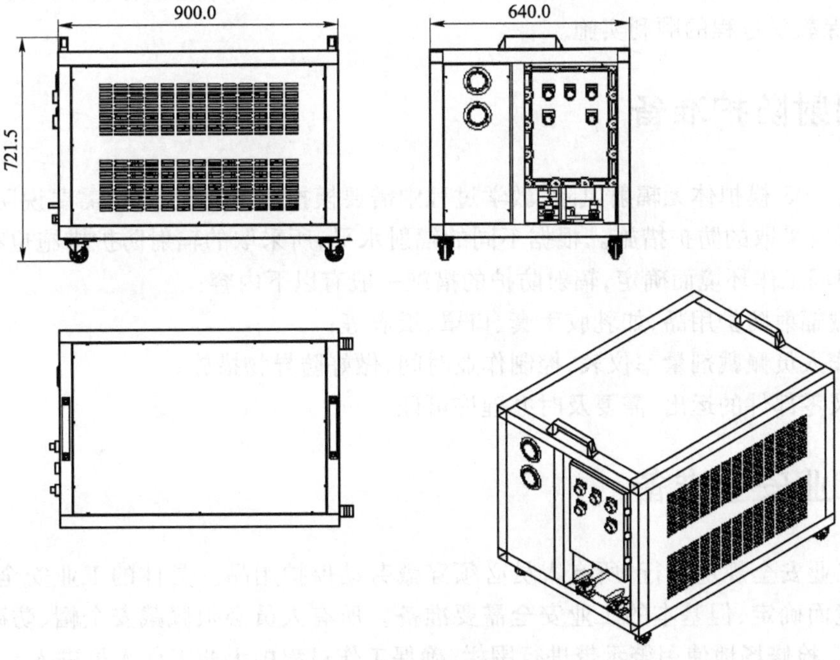

图 1-10　抽氟机简图

1.2 文件准备

无。

1.3 工器具准备

(1) 力矩扳手:1个。
(2) 轴承加热器:1个。
(3) 划垫器:1个。
(4) 液压拉马:1个。
(5) 手动液压千斤顶:1个。
(6) 套筒:1组。
(7) 手套:1双。
(8) 螺栓:多组。
(9) 软垫片:1片。
(10) 法兰:1对。

1.4 模拟体准备

技能培训处准备模拟体,模拟体处于可用状态。检查模拟体是否有损坏,核实可否正常动作,以确保教学过程的顺利实施。

1.5 辐射防护准备

培训楼105模拟体无辐射风险,教学过程中需要模拟实施辐射防护,需要说明在现场实际工作中所要采取的防护措施。根据不同的辐射水平,所采取的辐射防护措施也有所不同,具体依照现场工作环境而确定,辐射防护的措施一般有以下内容:

- 穿戴辐射防护用品,如乳胶手套、口罩、纸衣等;
- 工作人员佩戴剂量率仪表,控制作业时间,做好防异物措施;
- 涉及零部件的运出,需要及时办理许可证。

1.6 工业安全准备

按照工业安全规定执行,所有人员必须穿戴劳动保护用品。具体的工业安全准备需根据现场环境而确定,但基本的工业安全需要准备。所有人员必须佩戴安全帽、防砸鞋、工作服、手套等。检修场地使用警示带进行围栏,确保工作过程中无非工作人员进入。

1.7　配合人员准备

无。

1.8　场地准备

铺设检修垫用于摆放工器具;清理场地,确保检修场地无其他异物;合理分配场地,确保工具、设备的合理分布,方便检修;在场地外围布置警示带。

第二章　操作实施

2.1　操作实施 1：力矩扳手

具体操作步骤、要求等见表 2-1。

表 2-1　力矩扳手操作实施

序号	操作步骤	操作要求	工器具	测评标准	备注
1	选择合适的力矩扳手	根据力矩值选择合适的力矩扳手	力矩扳手	力矩值在力矩扳手的力矩范围内	N/A
2	设定力矩值调节扭矩	根据教员设定的力矩值调节扭矩	力矩扳手	调节扭矩至设定值	N/A
3	根据模拟体螺母大小选择匹配的套筒并安装	根据螺母大小选择套筒	力矩扳手	力矩扳手套筒选型正确	N/A
4	紧固螺栓	根据现场模拟体紧固螺栓	力矩扳手	紧固螺栓至指定力矩	N/A
5	操作结束，清理现场	工完料尽			N/A

2.2　操作实施 2：轴承加热器

具体操作步骤、要求等见表 2-2。

表 2-2　轴承加热器操作实施

序号	操作步骤	操作要求	工器具	测评标准	备注
1	确保电源电压在制定范围内，正确接上合适电源插头	接上合适的电源	轴承加热器	根据铭牌接上合适电源	N/A
2	先决工作准备	将轭铁放置在主机的端面上	轴承加热器		N/A
3	连通电源	将插头插入电源	轴承加热器	此时温度显示最高值	N/A
4	将温度传感器插头插入温度测量孔内	将温度传感器插头插入温度测量孔内，温度显示到实温	轴承加热器	温度正确显示实时温度	N/A
5	检查接地是否良好	检查接地线	轴承加热器	通电后用测电笔测试	N/A
6	设置温度	按动仪表面数字按钮设定所需温度	轴承加热器	温度按照指定要求设置好	N/A

续表

序号	操作步骤	操作要求	工器具	测评标准	备注
7	将传感器安装好	将传感器吸在工件上	轴承加热器	传感器吸牢固	N/A
8	启动轴承加热器	按启动按钮	轴承加热器	成功启动	N/A
9	待工作温度升至所设定的温度,主机将自动停止工作	工作温度升至所设定的温度	轴承加热器	待至设定温度自动停止工作	N/A
10	操作结束,清理现场	工完料尽			N/A

操作注意事项:

1) 操作加热器时不可以佩戴手表、手机等物品。
2) 选择和设备匹配的电源,电压波动不能超过10%。
3) 工件要轻拿轻放,防止撞击设备。保护好温度检测探头。
4) 禁止自行拆解设备。
5) 设备的加热杆要妥善保管,防止接近高温和腐蚀性物质。
6) 加热杆,除了随设备附带的标准型外需要额外购买。

2.3 操作实施 3:划垫器

具体操作步骤、要求等见表 2-3。

表 2-3 划垫器操作实施

序号	操作步骤	操作要求	工器具	测评标准	备注
1	工具准备好	准备好待剪的软垫片	软垫片		N/A
2	用划垫器制作软垫片	根据模拟体法兰,用划垫器制作要求尺寸的垫片	划垫器	应剪得能够实现斜口搭接,不得采取平口对接	N/A
3	安装软垫片进行检验	将软垫片装在两法兰密封面中间	软垫片	法兰密封好	N/A
4	操作结束,清理现场				N/A

2.4 操作实施 4:液压拉马

具体操作步骤、要求等见表 2-4。

表 2-4 液压拉马操作实施

序号	操作步骤	操作要求	工器具	测评标准	备注
1	确认工器具标牌	确认工器具使用正确	液压拉马	确认液压拉马在有效期内	N/A

续表

序号	操作步骤	操作要求	工器具	测评标准	备注
2	选用合适拉马	使用前必须估计被拉出物体所需力,选用合适拉马	液压拉马		N/A
3	爪钩抓住所拉物体	把钩爪座调整到爪钩抓住所拉物体	液压拉马	爪钩钩牢所拉物体	N/A
4	拉出所拉物体	来回掀动活塞起动杆向前平稳前进,爪钩相应后退,把被拉物体拉出	液压拉马	用液压拉马成功拉出所拉物体	N/A
5	操作结束,清理现场				N/A

操作注意事项:液压拉马工作用油以抗磨液压油为宜,工作油须保证清洁。

2.5 操作实施5:千斤顶

具体操作步骤、要求等见表2-5。

表2-5 千斤顶操作实施

序号	操作步骤	操作要求	工器具	测评标准	备注
1	使用前检查	使用前必须检查各部件是否完好	千斤顶	仔细检查	N/A
		检查是否有漏油现象	千斤顶	仔细检查	N/A
2	操作	重物重心要选择适中,合理选择液压千斤顶的着力点,底面要垫平,同时要考虑到地面软硬条件,是否要衬垫坚韧的木材,放置是否平稳,以免负重下陷或倾斜	千斤顶	按操作要求进行操作	N/A
		使用时先将手动泵的快速接头与千斤顶对接,然后选好位置,将油泵上的放油螺钉旋紧,即可工作。欲使活塞杆下降,将手动油泵手轮按逆时针方向微微旋松,油缸卸荷,活塞杆即逐渐下降。否则下降速度过快将产生危险	千斤顶	按操作要求进行操作	N/A
		使用液压千斤顶时,应先将重物先试顶起一部分,仔细检查液压千斤顶无异常后,再继续顶升重物。若发现垫板受压后不平整、不牢固或液压千斤顶有倾斜时,必须将液压千斤顶卸压回程,及时处理好后方可再次操作	千斤顶	按操作要求进行操作	N/A
		在顶升过程中,应随重物的不断上升及时在液压千斤顶下方铺垫保险枕木架,以防液压千斤顶倾斜或引起活塞突然下降而造成事故,下放重物时要逐步向外抽出枕木,枕木与重物间的距离不得超过一块枕木的厚度,以防意外! 若重物的顶升高度需超出液压千斤顶额定高度时,需先在液压千斤顶顶起的重物下垫好枕木,降下液压千斤顶,垫高其底部,重复顶升,直至需要的起升高度	千斤顶	按操作要求进行操作	N/A

续表

序号	操作步骤	操作要求	工器具	测评标准	备注
3	使用过程注意事项	液压千斤顶使用时底部要垫平整、坚韧。无油污的木板以扩大承压面,保证安全。不能用铁板代替木板,以防滑动	千斤顶	底部坚实,无滑动	N/A
		起升时要求平稳,重物稍起后要检查有无异常情况,如无异常情况才能继续升顶。不得任意加长手柄或过猛操作	千斤顶	平稳,不使蛮力	N/A
		不超载、超高。当套筒出现红线时,表明已达到额定高度应停止顶升	千斤顶	不超载、超高	N/A
		液压千斤顶不可作为永久支承设备。如需长时间支承,应在重物下方增加支承部分,以保证液压千斤顶不受损坏	千斤顶	不可作为永久支承设备	N/A
		用户要根据使用情况定期检查和保养	千斤顶	定期检查和保养	N/A
		承载能力不可超负荷,选择液压千斤顶的承载能力需大于重物重力的 1.2 倍	千斤顶	定期检查和保养	N/A
		液压千斤顶最低高度合适,为了便于取出	千斤顶	高度合适	N/A
		若使用多台液压千斤顶顶升同一设备时,应选用同一型号的液压千斤顶	千斤顶	符合要求	N/A
		重物被顶升位置必须是安全、坚实的部位,以防损坏设备	千斤顶	重物被顶升位置合适	N/A

2.6 操作实施 6:2X 旋片式真空泵

具体操作步骤、要求等见表 2-6。

表 2-6 2X 旋片式真空泵操作实施

序号	操作步骤	操作要求	工器具	测评标准	备注
1	将真空泵放置平稳,取下三角皮带及防护罩	平稳放置真空泵,将真空泵的三角皮带及防护罩拆除	扳手、真空泵	真空泵的三角皮带及防护罩拆除	N/A
2	接通电源	接通电源观察电机转向是否正确	真空泵	转向应与防护罩一致	N/A
3	安装三角皮带及防护罩	正确回装三角皮带及防护罩	真空泵	三角皮带及防护罩装好,三角皮带的安装应松紧适当	N/A
4	按照图纸连接管道	连接被抽容器与真空泵,管道直径不应小于泵的进气口直径	真空泵	管道及其接头密封可靠	N/A
5	观察油位	观察油位游标	真空泵	油位宜在游标中心附近	N/A

续表

序号	操作步骤	操作要求	工器具	测评标准	备注
6	点动真空泵	点动按钮一、二次	真空泵	点动按钮一、二次，观察泵有无异响，并使泵腔内的油压至油箱内	N/A
7	正式启动真空泵	启动真空泵，连续运转 30 min	真空泵	泵连续运转 30 min 无异常	N/A
8	关闭进气口处阀门	关闭进气口处阀门	真空泵	进气口处阀门已经关闭	N/A
9	停泵	关闭真空泵按钮停泵	真空泵	真空泵停止运转	N/A
10	操作结束，清理现场	工完料尽			N/A

操作注意事项：

1）泵连续抽大气不得超过 3 min。

2）泵在吸入气体温度为 5～40 ℃范围内和进口压强小于 1.5×10^3 Pa 的条件下，运行长期运转。

2.7 操作实施 7：抽氟机

具体操作步骤、要求等见表 2-7。

表 2-7 抽氟机操作实施

序号	操作步骤	操作要求	工器具	测评标准	备注
1	检查抽氟机的阀门	检查抽氟机的所有阀门是否呈关闭状态	抽氟机	所有阀门是呈关闭状态	N/A
2	连接管路	按照图纸将抽氟机与制冷系统、制冷剂回收专用钢瓶等部件连接	抽氟机、软管	管路按照图纸连接好	N/A
3	打开排气阀	打开抽氟机的排气阀	抽氟机	排气阀门打开	N/A
4	启动抽氟机	启动抽氟机按钮	抽氟机	抽氟机正常启动	N/A
5	打开进气阀	将抽氟机进气阀门打开	抽氟机	进气阀门打开	N/A
6	回收完毕制冷剂	回收完毕制冷系统里的制冷剂	抽氟机	回收到表压为-0.04 MPa 以下，表示已经基本回收完成	N/A
7	关闭进气阀	将进气阀关闭	抽氟机	进气阀关闭	N/A
8	清洁抽氟机内制冷剂残渣	将抽氟机旋钮打到自清功能	抽氟机	抽氟机旋钮置于自清功能	N/A

续表

序号	操作步骤	操作要求	工器具	测评标准	备注
9	关闭排气阀、钢瓶阀，关闭抽氟机电源，拆除软管	关闭排气阀、钢瓶阀，关闭回收机电源，拆除软管	抽氟机	所有阀门及电源关闭，软管拆除	N/A
10	操作结束，清理现场	工完料尽			N/A

操作注意事项：

1）现场使用中，应让抽氟机处在一个通风的环境里，以便有个好的散热效果，同时操作人员要避免吸入制冷剂和润滑油的蒸气及其雾气，以免刺伤眼睛、鼻子和喉咙。

2）储存回收制冷剂的储液罐，为了作业的安全起见，应使用制冷剂回收专用钢瓶，这种钢瓶耐压高，安全系数高。（有条件时也可选用带液位传感器的制冷剂专用钢瓶，这种钢瓶当回收机回收到钢瓶的80%液位时，回收机会自动停机。）

第三章　故障检查和处理

常见故障现象和判断方法检查和处理如下。

1. 液压拉马使用时常见的问题及处理

● 液压拉马使用时出现空打现象，可先放松泵体上的放油螺钉，将泵体垂直起来头向下空打几下，然后旋紧放油螺钉，即可继续使用。

● 新的或久置的液压拉马，因油缸内存有较多空气，开始使用时，活塞杆可能出现微小的突跳现象，可将液压拉马空载往复运动 2～3 次，以排除腔内的空气。长期闲置的液压拉马，由于密封件长期不工作而造成密封件的硬化，从而影响拉马的使用寿命，所以拉马在不用时，每月要将拉马空载往复运动 2～3 次。

2. 2X 旋片式真空泵常见故障及处理

2X 旋片式真空泵常见故障及处理见表 3-1。

表 3-1　2X 旋片式真空泵常见故障及处理

故障现场	产生原因	消除方法
真空度降低	油量不足	增添新油至游标中心线略上
	泵油被污染	换新油
	密封件损坏或装配不当	换用新密封件或重新调整装配
	泵的进油孔堵塞	清理进油孔
	排气阀片损坏	换新阀片
	所有抽气温度超过 40 ℃	冷却进气温度至≤40 ℃
	所抽气体含可凝性蒸气、可溶性气体、粉尘等	悬开气镇阀拆除，添置过滤装置
	泵使用久，零件磨损	检修更换磨损件
	旋片弹簧断裂	换新弹簧
油温过低	异物落入泵内	拆开检查并清除
	所抽气体温度过高	冷却进气温度至≤40 ℃
	泵的润滑不良	检查清理润滑系统
漏油	轴封磨损	缩小弹簧圈或更换新轴封
	油箱连接处密封垫损坏	更换垫片

续表

故障现场	产生原因	消除方法
运转不正常	皮带过紧或过松	调整电机位置
	异物落入泵内	检查清除
	泵零件松动或损坏	检修
启动困难	油沉泵腔	进气口通大气，用手转动泵轮或继续启动电机，使泵轮旋转数圈把泵腔内油排出
	油温过低	同上，运转几分钟或原泵油加温
	电机或电源有故障	检修

第四章　操作结束

1. 总结培训过程

在各个工具的操作使用前，首先要确认标牌，清理场地，特别注意工业安全操作，能够熟练掌握常用检修工具。

2. 评判

教员指出学员阐述过程中的错误以及需要注意的事项，并且依据评判表，对学员的学习情况做出整体评判。

3. 清理现场

工作结束后，做到工完料尽场地清。工具整理并与工具清单进行对比，确保工具无缺失，并检查工具的可用性，记录损坏情况并汇报。清理工作过程中的耗材，进行分类处理，放置到对应的塑料袋中。清理现场的塑料布、橡胶板，必要时用白布清理现场。

4. 工后会

工后会是对整个工作的过程的回顾以及必要的经验反馈。

回顾工作过程：工作许可证已归还，场地已清理，设备标牌完好，对检修任务进行评价，是否达到预期的目的，试验设备与工器具已经归还。

工作后的经验反馈是对以后同类型的通风空调检修工作的经验积累，以提高工作的检修技能，能够更好地完成检修工作。

第五章　经验反馈

1. 核电站力矩扳手使用过程中的经验反馈

2013年10月31日，秦三厂107大修时，大修工单6062356、6062357、6062358、6062359、6062360、6062361对螺栓的紧固均要求使用力矩扳手，实际工作中工作人员在紧固螺栓时也均使用了力矩扳手，但在工作报告中未填写力矩扳手编号及有效期。

经验反馈：组织工作人员学习该工作报告并按规定执行，编制工作报告时需要填写力矩扳手等工器具及量具的编号及有效期。

2. 千斤顶失灵引发事故

2010年9月28日，某汽车修理厂两个修车工人正忙着修理一辆东风牌货车，突然，垫在货车右后方的千斤顶失灵，货车车头翘了起来，尾部砸在地上，将16岁的修车工小代压住。据和小代一起修车的胡先生介绍，他们用千斤顶顶住货车右后部，小代爬到车下修理底盘，胡先生在车头忙活，突然，千斤顶失灵了，整个车后部砸了下来，压住了小代的背部。据医院介绍小代脊椎断裂，胸内出血，有生命危险。

事故教训：在作业过程中千斤顶只能作为顶升工具使用，而不能作为长期的支撑工具。

第六章　习　题

6.1　选择题

1. 力矩扳手按照动力源分，可以分为(ABC)。

A. 电动力矩扳手　　B. 液压力矩扳手

C. 手动力矩扳手　　D. 表盘式扳手

2. 液压千斤顶使用配套的手柄起升额定起重量时，手柄操作力的最大值应不大于(D)。

A. 100 N　　B. 200 N　　C. 300 N　　D. 400 N

3. 千斤顶在做一般定期试验时，以(A)倍容许工作荷重进行 10 min 静力试验。

A. 1.1　　B. 1.2　　C. 1.5　　D. 2

4. 通过回收机的低压压力表可了解制冷系统里的制冷剂是否已经回收完，正常情况下，回收到表压为(B)MPa 以下，表示已经基本回收完成。

A. 0　　B. −0.04　　C. 0.04　　D. 0.4

6.2　判断题

1. 力矩扳手使用时应严禁在尾部加套管或长柄，有专用配套附件(套管或长柄)除外。(√)

2. 力矩扳手除了可以拧紧螺栓时使用，也可以进行拆卸螺栓时使用。(×)

3. 力矩扳手使用时必须确保所施加的扭矩值在扭矩范围内，选择扳手的条件最好以工作值在被选用扳手量程的 20%～80%为宜。(√)

4. 液压拉马的活塞起动杆有效距一般只有 50 mm。使用时伸距不得大于 50 mm，当没有拉出时停止，松开回油阀。(√)

5. 因重物较重，工作人员应将千斤顶的摇把上套接管子来加长摇把的长度，从而达到省力的目的。(×)

6.3　简述题

请简述液压拉马使用时出现空打现象的问题及处理。

答：液压拉马使用时出现空打现象，可先放松泵体上的放油螺钉，将泵体垂直起来头向下空打几下，然后旋紧放油螺钉，即可继续使用。

6.4　实操题

鉴定点:液压拉马的操作

试题 1:液压拉马的使用

1. 准备要求

考场准备:

(1) 试题名称:液压拉马的使用

(2) 本题分值:100

(3) 考核时间:15 min

(4) 考核形式:实操

(5) 设备设施准备:

序号	名称	规格	单位	数量	备注
1	模拟体		台	1	教学用模拟体一台
2	液压拉马		台	1	

考生准备:

(1) 试题名称:液压拉马的使用

(2) 本题分值:100

(3) 考核时间:15 min

(4) 考核形式:实操

(5) 工具及其他准备:现场用被拉模拟体准备好

2. 考核要求

(1) 本题分值:100

(2) 考核时间:15 min

(3) 考核形式:实操

(4) 具体考核要求:根据液压拉马的操作,熟悉其关键点

(5) 否定项说明:无

3. 配分与评分标准

序号	考核内容	考核要点	配分	评分标准	扣分	得分
1	操作前准备	选择合适的液压拉马	20	检查工器具标牌,20 分		
2	转动扳手观察其功能是否良好、检查高压软管的快速接头和油管、检查液压泵油箱是否充满液压油	开工先决条件检查	30	未进行拉力选用扣 30 分		
3	爪钩抓牢所拉物体	能够抓紧不脱落	20	爪钩未抓牢所拉物体扣 20 分		

续表

序号	考核内容	考核要点	配分	评分标准	扣分	得分
4	来回掀动活塞起动杆向前平稳前进，爪钩相应后退，把被拉物体拉出	顺利将物体拉出	20	未成功拉出所拉物体扣 20 分		
5	清理现场		10	工完料尽 10 分		

否定项：没有做好工业安全措施，发生物体脱落等不安全因素。

评分人： 年 月 日 核分人： 年 月 日

第二部分 皮 带

第一章 操作准备

1.1 皮带基础知识

1.1.1 皮带传动原理及传动方式

带传动是利用张紧在带轮上的带，借助它们间的摩擦或啮合，在两轴(或多轴)间传递运动或动力。带传动具有结构简单、传动平稳、造价低廉、不需润滑以及缓冲吸振等特点，在近代机械中应用广泛。

标准 V 带都制成无接头的环形，其横截面由强力层 1、伸张层 2、压缩层 3 和包布层 4 构成，如图 1-1 所示。伸张层和压缩层均由胶料组成，包布层由胶帆布组成，强力层是承受载荷的主体，分为帘布结构(由胶帘布组成)和线绳结构(由胶线绳组成)两种。帘布结构抗拉强度高，一般用途的 V 带多采用这种结构。线绳结构比较柔软，弯曲疲劳强度较好，但拉伸强度低，常用于载荷不大，直径较小的带轮和转速较高的场合。

带的传动方式：根据传动原理不同，带传动可分为摩擦型和啮合型两大类，前者过载可以打滑，但传动比不准确(滑动率在 2%以下)；后者可保证同步传动。

1.1.2 V 型皮带通用术语

节线：V 带在规定张紧力下弯绕在带轮上时，外层受拉伸变长，内层受压缩变短，两层之间存在一长度不变的中性层，其上的线为节线(如图 1-2 所示)。

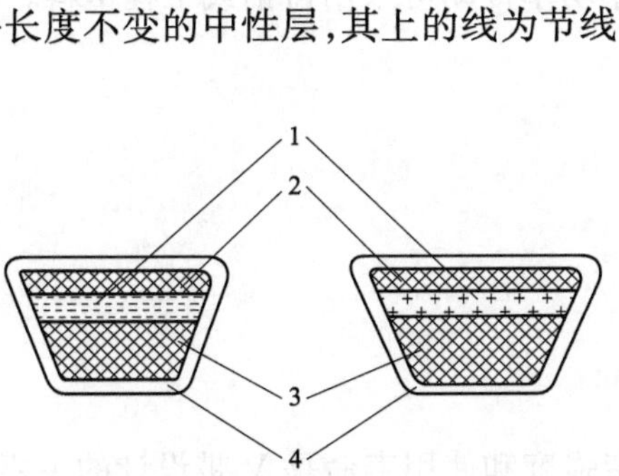

图 1-1 标准 V 带横截面示意图

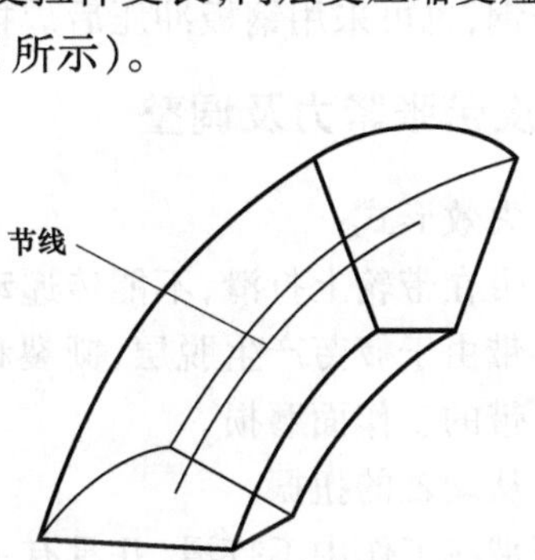

图 1-2 节线示意图

节面：沿中性层形成的面称为节面(如图 1-3 所示)。

节宽：b_p：带的节面宽度。当带垂直其底边弯曲时，该宽度保持不变。

顶宽 b：横截面中梯形轮廓的最大宽度。

高度 h：横截面中梯形轮廓的高度。三者示意图如图 1-4 所示。

相对高度 h/b_p：带的高度与其节宽之比，系无量纲的值。

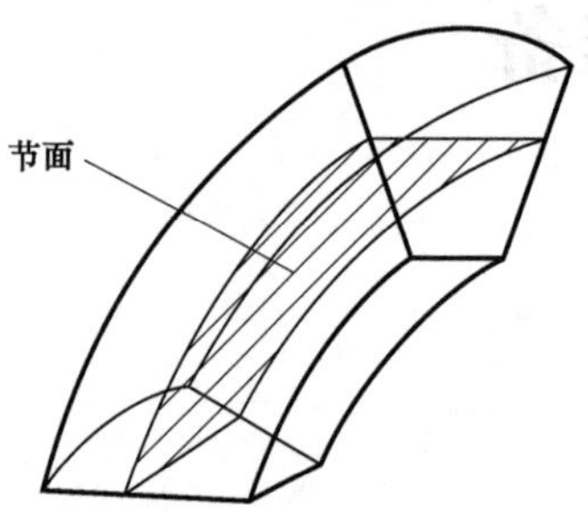

图 1-3　节面示意图

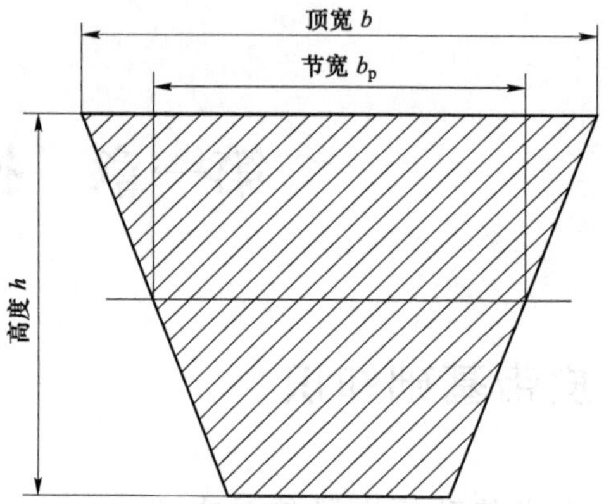

图 1-4　顶宽、节宽、高度示意图

常用 V 带相对高度的近似值如下。

窄 V 带：0.9；普通 V 带：0.7；半宽 V 带：0.5；宽 V 带：0.3。

V 带有两种宽度制：基准宽度制和有效宽度制。一般机械常用有两种 V 带：普通 V 带和窄 V 带，普通 V 带为基准宽度制，窄 V 带两者皆有。普通 V 带型号有 Y、Z、A、B、C、D、E；基准宽度制的窄 V 带有 SPZ、SPA、SPB、SPC，有效宽度制的窄 V 带有 9 N、15 N、25 N(也分别为 3 V、5 V、8 V)；普通加强型有 AX、BX、CX、DX、EX、3VX、5VX、8VX，强力窄 V 带有 XPA、XPB、XPC；相应的皮带轮轮槽角度有三种：34°、36°、38°。这些数字和字母在代号中居于首位，用于确定带的规格(宽度、角度、高度等基本参数)。型号确定之后便是长度的确定。例如 SPB-3800 是指基准宽度窄 V 带，SPB 型，基准长度 3 800 mm；5 V1500，5 V 也就是有效宽度制的窄 V 带，15 N，有效长度 150.0 inch(约为 3 810 mm)。

V 带轮的材料可采用灰铸铁、钢、铝合金或工程塑料，以灰铸铁应用最为广泛。当带速 v 不大于 25 m/s 时，采用 HT150，$v>25\sim30$ m/s 时采用 HT200，速度更高的带轮可采用球墨铸铁或铸钢，也可采用钢板冲压后焊接带轮。小功率传动可采用铸铝或工程塑料。

1.1.3　皮带张紧力及调整

主要失效形式：

(1) 带在带轮上打滑，不能传递动力。

(2) 带由于疲劳产生脱层、撕裂和拉断。

(3) 带的工作面磨损。

(4) 从动轴的扭振。

保证带在工作中不打滑，并具有一定的疲劳强度和使用寿命是 V 带设计的主要根据，也是靠摩擦传动的其他带传动设计的主要根据。

带的张紧力：带的张紧力对其传动能力、寿命和轴压力都有很大影响。预紧力不足，传递载荷的能力降低，效率低，且使小带轮急剧发热，胶带磨损，皮带抖动大；张紧力过大，则会使带的寿命降低，轴和轴承上的载荷增大，轴承发热、磨损，振动大。因此，适当的张紧力是保证带传动正常工作的重要因素。

首先测量皮带两切点的距离 L，然后计算皮带的偏离值 δ（如图 1-5 所示），用皮带张力器对在皮带两切点距离的中点，且垂直于皮带下压 δ 距离（填写 L 值以及计算 δ 值）。

鉴于皮带在皮带轮上的切点位置不方便确定，L 值可以用下面的方法进行近似计算：

$$L=\sqrt{a^2-\frac{(d_{a_2}-d_{a_1})^2}{4}}$$

式中，a——两皮带轮中心距；

d_{a_2}——大带轮外径；

d_{a_1}——小带轮外径。

鉴于风机两带轮外径相差不大，两带轮中心距 a 均大于或等于 1 000 mm，致使 a^2 数值远大于 $\frac{(d_{a_2}-d_{a_1})^2}{4}$，$\sqrt{a^2-\frac{(d_{a_2}-d_{a_1})^2}{4}}$ 近似等于两带轮中心距 a。

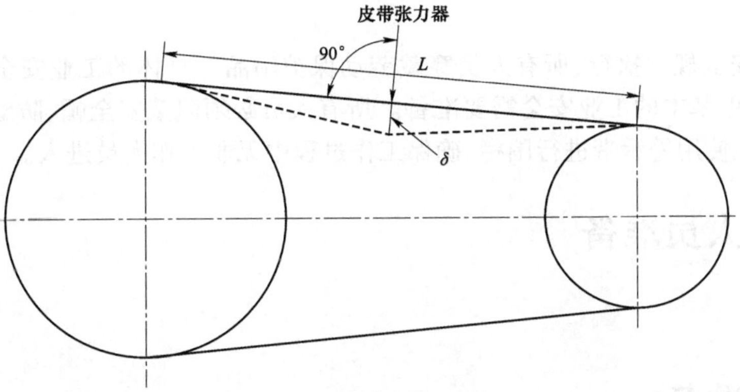

图 1-5　计算皮带的偏离值

- 测量两皮带轮间的跨距（约等于两带轮的中心距离）L=________m；
- 计算皮带的偏离值 δ=16 mm/m×L=________mm。

1.2　文件准备

风机皮带技能培训拟模拟现场风机皮带检查及调整的现场工作来进行培训，具有完整的工作包，包括工作指令单、质量计划、风险分析、领料、隔离指令等，规程使用为 M/MM/X/XXX/XZV/003 风机皮带清洁检查及调整、工前会、工后会等。

1.3　工器具准备

皮带张力计、两用扳手一套、线坠、铜棒、卷尺、手电。

1.4 模拟体准备

C 式带传动风机模拟体,检查风机模拟体是否有损坏,核实可否正常动作,以确保教学过程的顺利实施。

1.5 辐射防护准备

培训中心风机模拟体无辐射风险,教学过程中需要模拟实施辐射防护,需要说明在现场实际工作中所要采取的防护措施。根据不同的辐射水平,所采取的辐射防护措施也有所不同,具体依照现场工作环境而确定,辐射防护的措施一般有以下内容:

- 穿戴辐射防护用品,如乳胶手套、口罩、纸衣等;
- 工作人员佩戴剂量率仪表,控制作业时间,做好防异物措施;
- 涉及零部件的运出,需要及时办理许可证。

1.6 工业安全准备

按照工业安全规定执行,所有人员穿戴劳动保护用品。具体的工业安全准备需根据现场环境而确定,但基本的工业安全需要准备。所有人员必须佩戴安全帽、防砸鞋、工作服、手套等。检修场地使用警示带进行围栏,确保工作过程中无非工作人员进入。

1.7 配合人员准备

无。

1.8 场地准备

现场铺设白布或胶皮用于摆放工器具;清理场地,确保检修场地无其他异物;合理分配场地,确保工具、设备的合理分布,方便检修。

第二章　操作实施

2.1　操作实施 1:皮带罩及皮带拆卸

具体操作步骤、要求等见表 2-1。

表 2-1　皮带罩及皮带拆卸操作实施

序号	操作步骤	操作要求	工器具	测评标准	备注
1	拆除皮带罩	操作仔细认真,拆除的螺栓妥善安置,如有不同尺寸,需分类存放	开口扳手	动作迅速,螺栓存放妥善	
2	移开电机	将电机地脚螺栓松开,移动电机,使皮带便于取下	开口扳手	成功移开电机	
3	取下皮带	将皮带从皮带轮上取下	无	动作简洁,不损坏皮带	
4	拆除皮带罩	操作仔细认真,拆除的螺栓妥善安置,如有不同尺寸,需分类存放	开口扳手	动作迅速,螺栓存放妥善	

2.2　操作实施 2:皮带及皮带轮检查

具体操作步骤、要求等见表 2-2。

表 2-2　皮带及皮带轮检查操作实施

序号	操作步骤	操作要求	工器具	测评标准	备注
1	目视检查旧皮带	对旧皮带的外观进行检查,查看是否有磨损或裂缝	无	检查内容准确	
2	目视检查风机皮带轮	对皮带轮进行检查,查看是否有裂纹、划痕等缺陷	无	检查内容准确	

2.3　操作实施 3:皮带安装、对中及张紧力调整

具体操作步骤、要求等见表 2-3。

表 2-3 皮带安装、对中及张紧力调整操作实施

序号	操作步骤	操作要求	工器具	测评标准
1	安装新皮带	将新皮带安装至皮带轮上	无	安装迅速,不损坏新皮带
2	回装电机	将电机回位	开口扳手	成功回装电机
3	新皮带对中	对新安装的皮带进行对中调整,对中精度要求 1/1 000	线坠、皮带张力器	新皮带对中准确到位
4	皮带张紧力调整	按图 2-1 所示调整及计算,进行张紧力调整	卷尺、皮带张力计、铜棒	张紧力数据选择正确;调整操作方法正确

风机皮带张紧力调整和计算方法如图 2-1 所示。皮带型号及下垂 16 mm 所需的力见表 2-4。

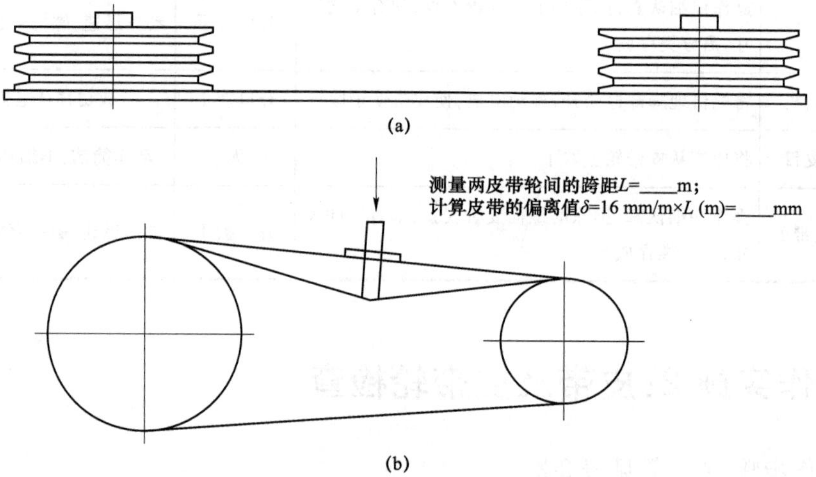

图 2-1 风机皮带张紧力调整和计算方法

表 2-4 皮带型号及下垂 16 mm 所需的力

皮带型号		SPZ	SPA	SPB	SPC
皮带下垂 16 mm 所需的力	小带轮直径/mm	67～95	100～132	160～224	224～355
		100～140	140～200	236～315	375～560
	牛顿/N	10～15	20～27	35～50	60～90
		12～20	28～35	50～65	90～120
	千克力/kgf	1.0～1.5	2.0～2.7	3.5～5.0	6.0～9.0
		1.5～2.0	2.8～3.5	5.0～6.5	9.0～12.0

三角皮带张紧力范围的确定方法详见中核集团企业标准“压水堆核电厂带传动风机三角皮带张紧力范围的确定及应用”(Q/CNNC/E 25)。

2.4　操作实施 4:风机皮带罩回装

具体操作步骤、要求等见表 2-5。

表 2-5　风机皮带罩回装操作实施

序号	操作步骤	操作要求	工器具	测评标准	备注
1	回装皮带罩	将皮带罩回装	开口扳手	成功回装皮带罩	

第三章　故障检查和处理

常见故障现象和判断方法见表3-1。

表3-1　常见故障现象和判断方法

常见缺陷描述	故障原因分析	解决方法
皮带在带轮上打滑，不能传递动力	皮带张紧力小	调整皮带的张紧力
	皮带轮工作面表面磨损，槽型偏大	更换带轮
皮带产生脱层、撕裂和拉断	皮带张紧力大	调整皮带的张紧力
	皮带轮工作面表面有缺陷	更换皮带轮
	两皮带轮平行度超标	调整两皮带轮的平行度
	皮带疲劳	更换皮带
皮带抖动大	皮带安装时张力调整不符合要求	重新安装皮带并调整好皮带张力
	皮带使用时间较长，出现老化或磨损严重	定期更换风机皮带
皮带的工作面磨损	皮带张紧力小	调整皮带的张紧力
	两皮带轮平行度超标	调整两皮带轮的平行度
	皮带轮工作面表面有缺陷	更换皮带轮

第四章　操作结束

1. 评判

学员对风机皮带检查调整过程进行阐述，并说明其中的关键点以及注意事项。教员对学员的陈述简要记录，根据阐述评判学员的掌握情况。教员指出学员阐述过程中的错误以及需要注意的事项，并且依据评判表，对学员的学习情况做出整体评判。

2. 清理现场

工作结束后，做到工完料尽场地清。工具整理并与工具清单进行对比，确保工具无缺失，并检查工具的可用性，记录损坏情况并汇报。对更换的领料物资与领料单进行核实，确保所有可更换的物资已更换。清理工作过程中的耗材，进行分类处理，放置到对应的塑料袋中。清理现场的塑料布、橡胶板，必要时用白布清理现场。

3. 工后会

工后会是对整个工作的过程的回顾以及必要的经验反馈。

回顾工作过程：工作许可证已归还，场地已清理，设备标牌完好，对检修任务进行评价，是否达到预期的目的，试验设备与工器具已经归还。

工作后的经验反馈是对以后同类型的风机皮带工作的经验积累，以提高工作的检修技能，能够更好地完成检修工作。风机更换皮带过程中，新皮带的对中调整及皮带张力控制是关键，直接影响后续皮带的正常工作乃至整台风机的运行状态。

第五章 经验反馈

事件描述:秦三厂二号机组 2-7311-LAC20 皮带断裂缺陷短期出现两次,工单分别为309584 和 310906。

原因分析:自 2013 年 11 月起,小型 LAC 皮带开始采用德国 Optibelt 公司生产的皮带,2-7311-LAC20 至今已发生 4 起皮带断裂事件,皮带使用寿命分别为 7 个月、7 个月、4 个月、2 个月。查询其他 LAC 使用该型号皮带使用情况如下。

2-7311-LAC21,该型号皮带使用寿命分别为 8 个月(断裂)、10 个月(无断裂);2-7311-LAC22,该型号皮带使用寿命分别为 10 个月(无断裂)、7 个月(断裂);2-7311-LAC32,该型号皮带使用寿命分别为 5 个月、5 个月、2 个月、2 个月(断裂);2-7311-LAC33,该型号皮带使用寿命分别为 8 个月(断裂);1-7311-LAC22,该型号皮带使用寿命分别为 5 个月(断裂)、10 个月(断裂);1-7311-LAC32,该型号皮带使用寿命分别为 10 个月(无断裂);1-7311-LAC33,该型号皮带使用寿命分别为 9 个月(无断裂)。

其他 LAC 由于使用其他型号皮带或缺陷维修与预防性维修执行时间相近,无法统计使用寿命,但使用寿命都大于 3 个月。

从其他 LAC 皮带运行情况来看,Optibelt 皮带使用寿命平均应该在 7 个月(安装良好情况下),可以排除皮带质量问题。

现场检查 2-7311-LAC20 皮带轮磨损正常,无较大磨损和表面缺陷。判断是皮带安装过紧导致皮带橡胶层过早断裂。

直接原因:缺陷工单评估时,评估人员没有在操作步骤中皮带张力调整部分明确要求使用皮带张力计。

工单 309584 皮带张力调整没有使用皮带张力计,而是采用了使用皮带张力计之前的方法,根据经验调整皮带张力,由于个人经验的差异,导致皮带张力大于使用皮带张力计的标准张力值,皮带过紧,从而导致皮带短时间内断裂。

同时检查现有的 15 台皮带传动形式的空冷器的预防性维修标准工作包的皮带张力检查操作步骤为:“操作步骤 30 打开风机检修门,拆除皮带保护罩,检查皮带磨损和松弛状况,如皮带已经磨损或松弛拉长明显,则更换皮带。不论是否更换皮带,均需重新调整皮带张力和皮带轮对中至符合要求(两皮带轮对中偏差≤1 mm),紧固电机地脚螺栓,复查皮带张力和皮带轮对中符合要求。”标准工作包中未对皮带张力调整使用的工具和步骤作出明确。

根本原因:没有适用的风机皮带张力调整的维修文件;工作人员不熟悉工作的实施标准。

纠正行动:

(1) 修改 15 台皮带传动形式的空冷器的预防性维修标准工作包,将皮带张力计加入“工具材料需求”中,将操作步骤 30 修改为:“打开风机检修门,拆除皮带保护罩,检查皮带磨损和松弛状况,如皮带已经磨损或松弛拉长明显,则更换皮带。不论是否更换皮带,使用皮带张力计调整皮带张力,皮带轮对中至符合要求(两皮带轮对中偏差≤1 mm),紧固电机地脚螺栓,复查皮带张力和皮带轮对中符合要求,记录皮带张力。”

(2) 组织相关工作人员学习状态报告,在风机维修工作实施和风机工单评估时,涉及风机皮带张力计调整、校验,须使用皮带张力计。

(3) 检查、升版 15 台皮带传动形式的空冷器的相关维修规程,将皮带张力计的使用步骤加入维修规程中。

(4) 升版机械《机械维修作业指导书》(98-92000-MTG-001),补充皮带张力计使用的内容。

第六章　习　题

6.1　选择题

1. 根据传动原理,带传动分为摩擦型和(A)。

A. 啮合型　　　　B. 同步型

2. 根据带的形状,分为平带传动、V 型带传动和(A)。

A. 同步带　　　　B. 差动带　　　　C. 链式带

6.2　判断题

1. 皮带对中的平行度要求为 1/100。　(×)

2. 皮带预紧力过大不会加速皮带的磨损。　(×)

6.3　简述题

1. 请简述带传动的优缺点。

答:优点是:带具有弹性,能缓冲吸振,传动平稳,噪音小;过载时,传动带会在带轮上打滑,可防止其他零部件损坏,起安全保护作用;使用于中心距较大的场合;结构简单,装拆方便,成本低廉。

主要缺点是:带在带轮上有相对滑动,传动比不恒定;传动效率低,带的寿命较短,外廓尺寸大;需要张紧,支承带轮的轴与轴承受力较大;不宜用于高温、易燃等场合。

6.4　实操题(模板)

鉴定点:皮带检查调整

试题 1:皮带检查调整

1. 准备要求

考场准备:

(1) 试题名称:皮带检查调整

(2) 本题分值:20

(3) 考核时间:15 min

(4) 考核形式:实操

(5) 设备设施准备:

序号	名称	规格	单位	数量	备注
1	模拟体		台	1	教学用风机模拟体一台
2	工具、吊带等		套	1	风机皮带检查调整用工具

考生准备：

（1）试题名称：皮带检查调整

（2）本题分值：20

（3）考核时间：40 min

（4）考核形式：实操

（5）工具及其他准备：无

2. 考核要求

（1）本题分值：20

（2）考核时间：40 min

（3）考核形式：实操

（4）具体考核要求：根据风机皮带检查调整规程，熟悉其关键点、风机皮带调整过程大致步骤

（5）否定项说明：无

3. 配分与评分标准

序号	考核内容	考核要点	配分	评分标准	扣分	得分
1	风机皮带检查调整前准备工作	确定前期的准备工作是否充分	3	未模拟检查隔离状态扣 3 分		
2	风机皮带罩拆卸	皮带罩拆除的准备工作	3	拆除皮带罩前未做标记扣 2 分		
3	风机皮带拆卸	拆卸电机地脚螺栓及顶丝步骤	3	未拆卸电机地脚螺栓扣 3 分		
4	风机皮带张力及对中度调整	熟悉风机皮带张力及对中度调整的步骤	8	未按张力调整步骤进行张力调整扣 4 分； 未按要求对对中度进行调整扣 4 分		
5	风机皮带罩回装	皮带罩是否正确回装	3	未按标记进行回装扣 3 分		

否定项：未遵守工业安全规定；没有作好防异物措施。

评分人：　　年　月　日　　　　　　　　核分人：　　年　月　日

第三部分 风 阀

第一章 操作准备

1.1 风阀基础

在通风系统中，风阀有着广泛的应用。常用的风阀有蝶阀、止回阀、插板阀、调节阀、防火阀等。下面介绍电厂几种常见的风阀。

(1) 蝶阀

蝶阀是通风系统中常见的一种风阀。按蝶阀的断面形状不同，可分为圆形、方形、矩形三种；按其调节方式分为手柄式和拉链式两种；按制作蝶阀材料分为钢制蝶阀和塑料制蝶阀。

蝶阀为控制风速、调节风量之用，操作方便，结构灵活，可直接装在风管上。拉链式蝶阀可利用连接在阀门的拉索在地面上调节。图 1-1 为圆形钢制蝶阀的简图。

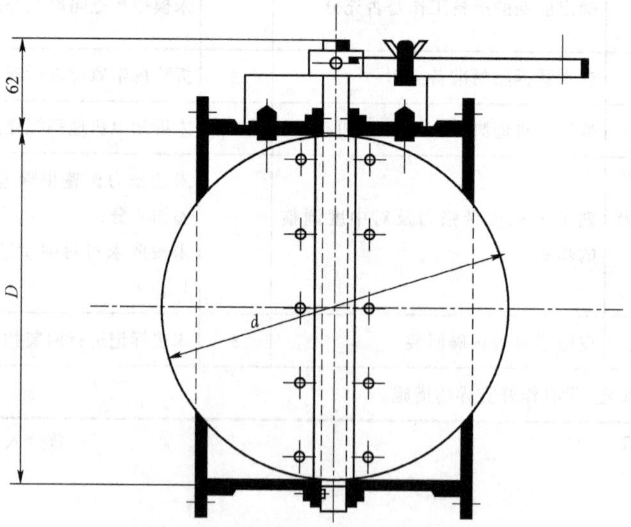

图 1-1 某圆形钢制蝶阀的简图

(2) 止回阀

在通风系统中，止回阀有着广泛的应用。止回阀用于几台风机并联时安装在每台风机的出口或入口处，当风机运行时，由阀前形成的正向压力而将阀板打开；当风机停止时，因失去正向压力在重锤及阀板自重力作用下使阀门自动关闭，切断介质回流，防止系统倒灌。

止回阀是由框架、阀板、轴、轴承、执行机构、保护罩、垫片等组成的。图 1-2 为某止回阀结构图。

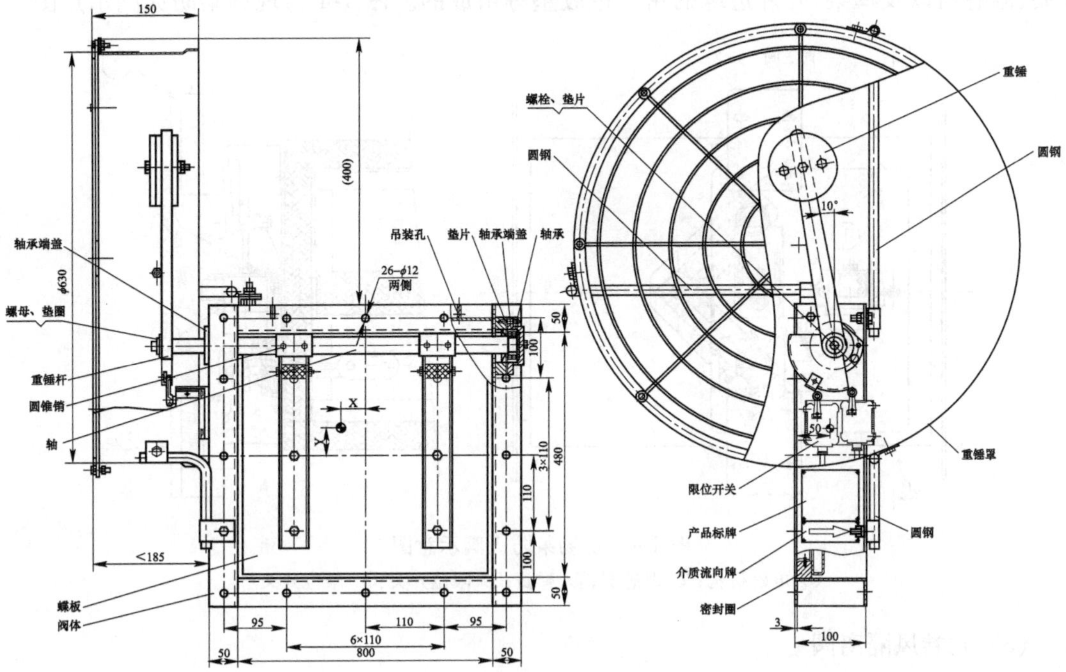

图 1-2　某止回阀结构图

(3) 调节阀

调节阀又称为平衡阀，是通过调整阀门阀板的开度，使风管实现流量变化。其功能是平衡系统阻力和调节系统流量。其一般是由阀门框架和法兰、阀门叶片、轴承、手动锁紧装置、密封垫、连杆系统等组成。图 1-3 为某平衡阀照片。

图 1-3　现场某平衡阀照片

(4) 防火阀

防火阀是通风系统中的一个重要组成部分，其功能是在发生火灾时，阀门关闭，能可靠及时地切断通风管路，控制火灾的蔓延，使火情不得延风管方向蔓延。在核电厂中，防火阀还能控制放射性物质向外扩散。

防火阀是由框架、法兰、叶片、叶片方销、轴、轴承、轴销、连杆、操作机构、伺服电机、限位开关、温感器以及框架、叶片边缘的密封橡胶垫等组成的。图 1-4 为现场某防火阀示意图。

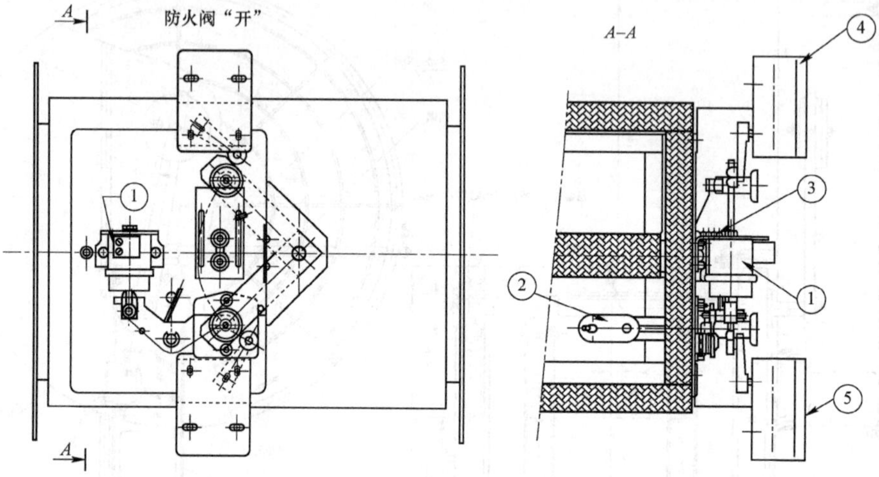

图 1-4 现场某防火阀示意图

① 电磁机构；② 温感器；③ 弹簧；④ 限位开关；⑤ 限位开关

(5) 龙卷风隔离阀

在核电厂中，龙卷风隔离阀安装在通风系统的进风管段上(新风口附近)，用于龙卷风发生时对系统的自动隔离，使系统免遭强气流的袭击。龙卷风隔离阀主要由气动伺服马达、阀门框架和叶片、传动装置以及密封垫片等组成。

在正常运行情况下，压空气流通过伺服马达使阀门保持"开"的位置，并可手动调节风量，该阀门为对开多叶型。特殊运行条件阀门将不定期地快速关闭。龙卷风隔离阀的阀体部分和执行机构部分分别见图 1-5 和图 1-6。

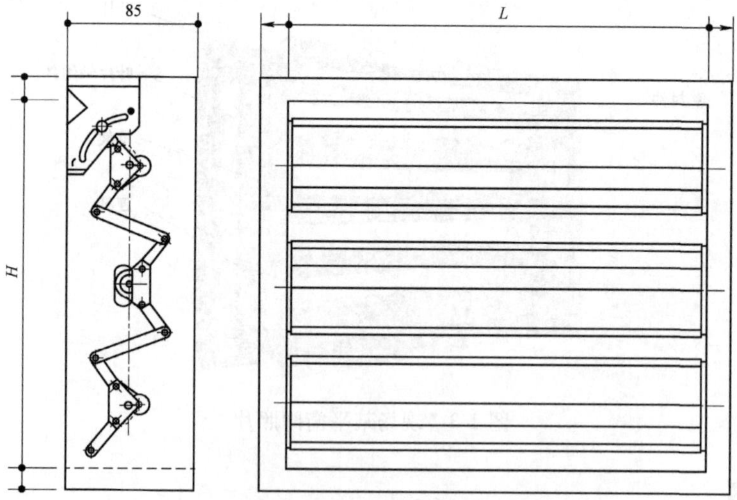

图 1-5 现场某龙卷风隔离阀阀体部分示意图

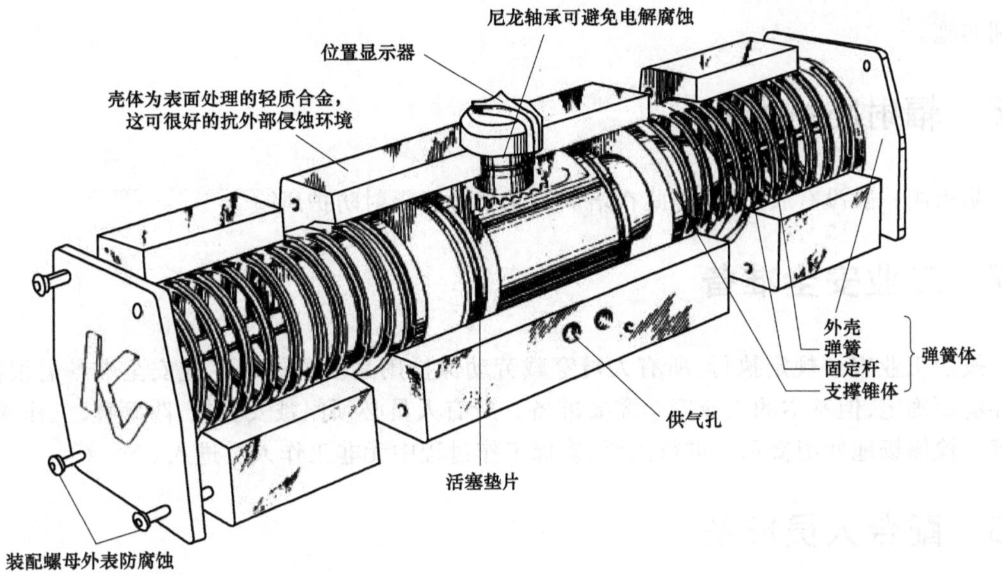

图 1-6　现场某龙卷风隔离阀气动头部分剖面图

1.2　防火阀检修准备

防火阀是通风系统中的一个重要组成部分,平时阀门处于开启状态。防火阀的功能是在发生火灾时,火焰侵入风道,高温(一般 70 ℃及以上)使阀门上的易熔金属熔解或感温元件传出信号,阀门关闭,能可靠及时地切断通风管路,控制火灾的蔓延,防止火情沿风管方向蔓延到其他房间。在核电厂中,防火阀分为核级和非核级的。

防火阀由阀体、叶片、叶片轴、轴承、执行机构以及熔断器(或感温元件)等组成。防火阀一般即可以手动开关,又可以通过给防火阀信号控制其开关。在电厂中,对于所有的防火阀都有定期试验(一般是 6 个月),以检查其是否能正常动作。

1.3　文件准备

防火阀培训完全模拟现场工作,具有完整的工作包,包括工作指令单、质量计划、风险分析、领料、隔离指令等,规程使用临时规程、工前会、工后会、设备信息收集单等。

1.4　工器具准备

内六角扳手一套、十字螺丝刀一把。

1.5　模拟体准备

模拟体处于可用状态。检查模拟体是否有损坏,核实可否正常动作,以确保教学过程的顺利实施。

1.6 辐射防护准备

防火阀一般没有放射性,因此在培训时无需考虑辐射防护风险。

1.7 工业安全准备

按照工业安全规定执行,所有人员穿戴劳动保护用品。具体的工业安全准备需根据现场环境而确定,但基本的工业安全需要准备。所有人员必须佩戴安全帽、防砸鞋、工作服、手套等。检修场地使用警示带进行围栏,确保工作过程中无非工作人员进入。

1.8 配合人员准备

仪控。

1.9 场地准备

现场铺设白布用于摆放工器具;铺设橡胶板用于放置气动执行机构;清理场地,确保检修场地无其他异物;合理分配场地,确保工具、设备的合理分布,方便检修;在场地外围布置警示带。

第二章　操作实施

2.1　操作实施 1:执行机构拆除

防火阀图纸如图 2-1 所示。

具体操作步骤、要求等见表 2-1。

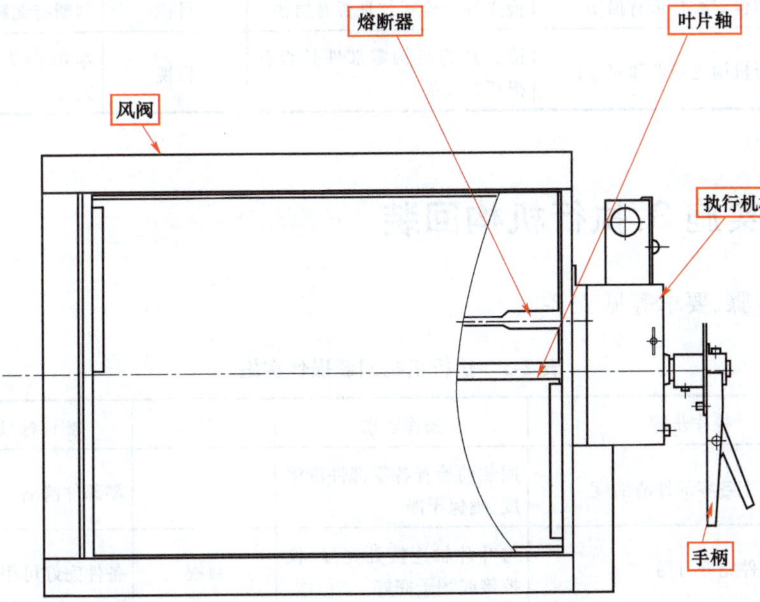

图 2-1　防火阀图纸

表 2-1　执行机构拆除操作实施

序号	操作步骤	操作要求	工器具	测评标准	备注
1	设备隔离,介质排空	此步骤为现场实施,模拟体模拟实施		模拟体检查	
2	仪控人员拆除仪控接线	具有仪控合格资质人员拆除供仪控接线	十字螺丝刀	仪控接线完整的拆除和包扎	
3	阀门处于关闭位置	确认阀门处于关位置	手动	阀门至全关位置	
4	拆除阀门手柄	取下固定螺栓,取下手柄	内六角扳手	阀门指示作标记	
5	执行机构与阀门连接处标记	用记号笔在执行机构与阀体标记,便于回装	记号笔	标记准确,便于识别	
6	将执行机构从阀门上拆下来	从叶片轴上取下执行机构	十字螺丝刀	注意保护叶片轴	

2.2 操作实施 2:零部件检查

具体操作步骤、要求等见表 2-2。

表 2-2 零部件检查操作实施

序号	操作步骤	操作要求	工器具	测评标准	备注
1	清洗螺栓和叶片轴等部件	使用清洗剂清洁螺栓和叶片轴等部件	清洗剂	清洗干净	
2	检查叶片轴有无划痕	检查叶片轴有无划痕	目视	判断有无缺陷	
3	检查各螺栓螺纹是否有损伤	检查各螺栓螺纹是否有损伤	目视	判断有无缺陷	
4	检查执行机构完整性和完好性	检查执行机构零部件是否有损坏和缺失	目视	零部件齐全和完好	

2.3 操作实施 3:执行机构回装

具体操作步骤、要求等见表 2-3。

表 2-3 执行机构回装操作实施

序号	操作步骤	操作要求	工器具	测评标准	备注
1	回装前检查各零部件清洁度	回装前检查各零部件清洁度,确保干净		零部件清洁	
2	检查新备件完好可用	与叶片轴连接处完好,仪控接线端子完好	目视	备件完好可用	
3	按照标记将执行机构回装到阀门上	将执行机构回装到阀门上		执行机构指示与风阀开关位置相符	
4	对称均匀紧固执行机构固定螺栓	螺栓紧固到位	十字螺丝刀	均紧固到位	
5	按标记回装风阀手柄,并用螺栓进行固定	回装风阀手柄,并用螺栓进行固定	内六角扳手	手柄安装到位	
6	仪控人员恢复执行机构接线	仪控接线固定良好	十字螺丝刀	接线安装到位并无松动	

2.4 防火阀动作试验

手动开关阀门检查风阀动作是否满足要求。

2.5 实施中需要特别注意的几个关键点

- 执行机构更换前风阀处于全关位置；
- 执行机构位置指示与风阀开度一致；
- 仪控接线安装到位并且无松动；
- 执行机构更换后防火阀动作正常、无卡涩。

第三章　故障检查和处理

1. 常见故障现象和判断方法检查和处理

常见故障现象和判断方法检查和处理见表 3-1。

表 3-1　常见故障现象和判断方法检查和处理

序号	故障现象	判断方法	故障原因分析	故障排除方法
1	风阀卡涩	给出阀门关闭信号后，阀门不能全关	执行机构锈蚀； 叶片与风阀之间卡涩	对执行机构进行润滑或更换； 对叶片进行打磨处理
2	风阀不动作	给出信号后风阀不动作	仪控接线脱落或断掉； 执行机构故障	重新进行仪控接线； 更换执行机构

2. 常见故障原因分析和故障排除方法

常见故障原因分析和故障排除方法见表 3-2。

表 3-2　常见故障原因分析和故障排除方法

序号	故障原因分析	故障排除方法
1	叶片轴锈蚀	对叶片轴进行打磨润滑或更换
2	叶片与风阀之间卡涩	对叶片进行打磨处理或更换
3	仪控接线脱落或断掉	重新进行仪控接线
4	执行机构故障	更换执行机构

3. 特殊故障现象和判断方法

特殊故障现象和判断方法见表 3-3。

表 3-3　特殊故障现象和判断方法

序号	故障现象	判断方法	故障原因分析	故障排除方法
1	火灾时风阀不能正常关闭	手动开关和给信号阀门动作正常	熔断器损坏	更换熔断器

4. 特殊故障原因分析和故障排除方法

特殊故障原因分析和故障排除方法见表 3-4。

表 3-4　特殊故障原因分析和故障排除方法

序号	故障原因分析	故障排除方法
1	熔断器损坏	更换熔断器

第四章　操作结束

1. 解体后验证

更换执行机构后检查零部件与备件是否有所缺失，手动开关阀门数次，验证阀门无卡涩。最后使阀门处于关闭位置，风阀指示与实际开度相符。

2. 总结培训过程

防火阀执行机构更换前，熟悉防火阀的工作原理与结构，核实所需工具与备件。检验风阀执行机构是否有缺陷，如有缺陷则对执行机构进行更换，在更换执行机构时，在对应位置做好标记，先将手柄从防火阀上拆下，随后将执行机构拆下。清洗叶片轴和螺栓等零部件并检查是否完好，进行必要的修复。更换备件后按照原始标记进行回装，回装时注意螺栓要紧固到位，阀门实际开度与执行机构上阀门执行相符，手动开关风阀，验证阀门无卡涩，最后使阀门处于关闭位置，清洗设备表面。

3. 评判

学员对更换执行机构过程进行阐述，并说明其中的关键点以及注意事项。教员对学员的陈述简要记录，根据阐述评判学员的掌握情况。教员指出学员阐述过程中的错误以及需要注意的事项，并且依据评判表，对学员的学习情况做出整体评判。

4. 清理现场

工作结束后，做到工完料尽场地清。工具整理并与工具清单进行对比，确保工具无缺失，并检查工具的可用性，记录损坏情况并汇报。对更换的领料物资与领料单进行核实，确保所有可更换的物资已更换。清理工作过程中的耗材，进行分类处理，放置到对应的塑料袋中。清理现场的塑料布、橡胶板，必要时用白布清理现场。

5. 工后会

工后会是对整个工作的过程的回顾以及必要的经验反馈。

回顾工作过程：工作许可证已归还，场地已清理，设备标牌完好，对检修任务进行评价，是否达到预期的目的，工器具已经归还。

工作后的经验反馈是对以后同类型的风阀工作的经验积累，以提高工作的检修技能，能够更好地完成检修工作。

第五章　经验反馈

2012 年 10 月 12 日，运行人员验证防火阀动作试验时发现 1DVL103VA 存在卡涩缺陷，阀门无法正常关闭。

取得工作票，与运行人员交流信息，现场验证设备标牌，打开阀门执行机构盖板，对阀轴进行润滑，手动开关阀门动作灵活无卡涩，恢复执行机构盖板，运行人员再次动作阀门，阀门开关正常，工作完成，填写维修报告。

第六章 习 题

6.1 选择题

1. 正常情况下,防火阀一般处于(B)位置。

A. 全关　　B. 全开　　C. 半开

2. 在火灾情况下,防火阀的熔断器熔断后,防火阀(A)关闭。

A. 自动　　B. 手动　　C. 主控给信号后

3. 防火阀在更换执行机构时,防火阀一般处于(A)位置。

A. 全关　　B. 全开　　C. 半开

6.2 判断题

1. 防火阀更换执行机构时仪控接线不需要拆除。 (×)

2. 防火阀出现卡涩缺陷后,一定是叶片轴出现锈蚀导致的,通过润滑即可解决。 (×)

3. 防火阀更换执行机构时一定要做好标记,确保风阀实际开度与指示一致。 (√)

6.3 简述题

请简述防火阀的功能。

答:在发生火灾时,火焰侵入风道,高温(一般 75 ℃及以上)使阀门上的易熔金属熔解或感温元件传出信号,阀门关闭,能可靠及时地切断通风管路,控制火灾的蔓延,防止火情沿风管方向蔓延到其他房间。在核电厂中,防火阀还能控制放射性物质向外扩散。

6.4 实操题

鉴定点:防火阀执行机构更换

试题 1:防火阀执行机构更换

1. 准备要求

考场准备:

(1) 试题名称:防火阀执行机构更换

(2) 本题分值:20

(3) 考核时间:40 min

(4) 考核形式:实操

(5) 设备设施准备:

序号	名称	规格	单位	数量	备注
1	模拟体		台	1	教学用模拟体一台
2	工具		套	1	更换用工具

考生准备：

(1) 试题名称：防火阀执行机构更换

(2) 本题分值：20

(3) 考核时间：40 min

(4) 考核形式：实操

(5) 工具及其他准备：无

2. 考核要求

(1) 本题分值：20

(2) 考核时间：40 min

(3) 考核形式：实操

(4) 具体考核要求：根据执行机构更换规程，熟悉其关键点、执行机构更换需标记位置、更换过程大致步骤

(5) 否定项说明：无

3. 配分与评分标准

序号	考核内容	考核要点	配分	评分标准	扣分	得分
	执行机构更换前准备工作	确定阀门解体前的准备工作是否充分		未模拟检查防火阀状态扣 1 分； 未说明拆除仪控接线扣 2 分		
	执行机构拆装	执行机构拆卸后未做好标记及回装后风阀实际开度与指示不符		执行机构拆卸后未做好标记扣 3 分； 联轴器拆卸步骤错误扣 10 分		
	防火阀检修后动作正常	防火阀存在卡涩问题		防火阀卡涩扣 4 分		
否定项：防火阀实际开度与指示相反						

评分人：　　年　月　日　　　　　　　　　　　　核分人：　　年　月　日

第四部分　风　机

第一章　操作准备

1.1　原理描述

1.1.1　风机工作原理及分类

风机是依靠输入的机械能,提高气体压力并排送气体的机械。它是一种常用的流体机械,通常风机都是利用高速旋转的叶轮将气体进行加速的。

风机的分类如下。

1. 按气流运动方向分类

(1) 离心风机

气流轴向进入风机叶轮后主要沿径向流动,或称径流式通风机。

(2) 混流风机

气流轴向进入风机叶轮后近似在圆柱形表面上沿轴线方向流动。

(3) 轴流风机

在风机的叶轮中气流的方向处于轴流式和离心式之间,近似沿锥面流动,或称斜流式通风机。

2. 按风机压力分类

(1) 低压离心通风机,风压在 980 Pa 以下;

(2) 中压离心通风机,风压为 980～2 942 Pa;

(3) 高压离心通风机,风压在 2 942～14 710 Pa;

(4) 低压轴流通风机,风压在 493 Pa 以下;

(5) 高压轴流通风机,风压在 493～4 930 Pa。

1.1.2　风机结构及部件简介

离心风机由机壳/进气箱、叶轮、集流器、传动组、联轴器、保护罩、电机、进口风量调节阀、地脚螺栓、测量仪表等部件组成。图 1-1 为典型的风机照片。

1. 机壳

机壳的作用是把从叶轮流出的气流收集起来,将气流的部分动能再转化为压力能,借此提高风机的效率。机壳的形状常为螺旋形。

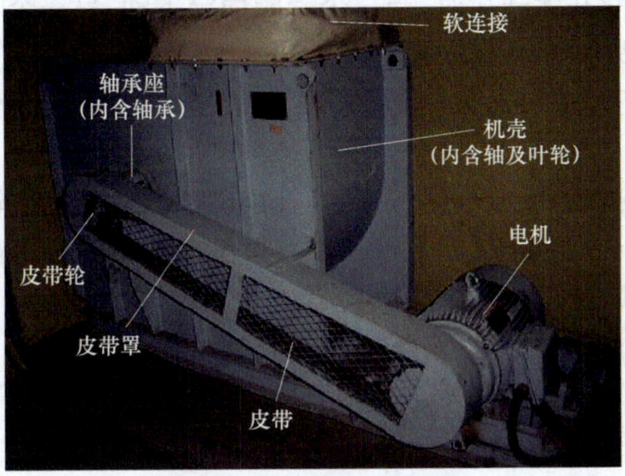

图 1-1 典型的风机照片

2. 叶轮

通过离心力提高气体压力，气体接受机械能的过程在叶轮中进行。由叶片、前盘、后盘、轮毂组成，并经过静、动平衡的校验。轮毂通过高强度的螺栓与中盘紧固联接在一起。

3. 集流器

集流器装置在叶轮前，将气流以最小的损失导入风机叶轮进口处。采用激光切割下料，模压成型，具有良好的空气动力性能。

4. 传动组

以 C 式风机传动组为例，由主轴、轴承、轴承座等组成。轴承座采用水平剖分结构，便于维修和装配。严格控制轴承箱安装轴承孔的圆度和同轴度，确保轴承温升不超过 40 ℃，轴承最高温度不超过 70 ℃。

(1) 轴承游隙

轴承游隙是指轴承未安装状态下可移动的最大间隙，分为径向游隙和轴向游隙，在轴承设计中有专门的游隙系列。轴承在工作状态下的间隙称为工作游隙。

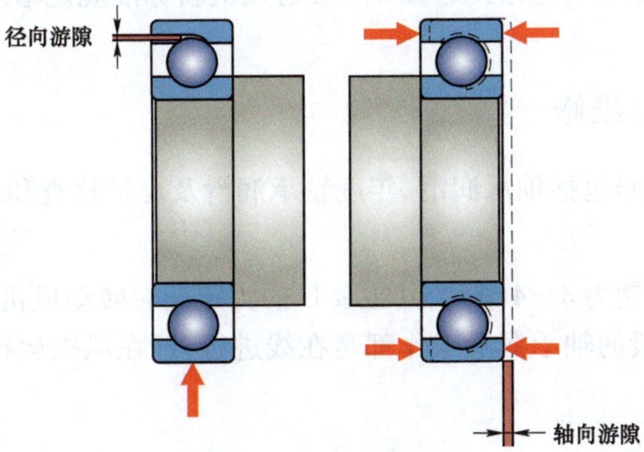

图 1-2 轴承的游隙

- 径向游隙是指轴承在无载荷时，当一个套圈固定不动，另一个套圈相对于固定套圈沿径向由一个极端位置到另一个极端位置的移动量。

- 轴向游隙是指轴承在无载荷时，当一个套圈固定不动，另一个套圈相对于固定套圈沿轴向由一个极端位置到另一个极端位置的移动量。

游隙过大，轴承在运动中容易发生振动，轴承发出噪声；游隙过小，滚动体容易卡塞，轴承要剧烈的发热磨损。

对于向心推力轴承和推力轴承可适当调整轴承内部间隙来补偿轴的伸长量。对于多支点结构的轴，可采用一个轴承固定，其余轴承都可以游动的措施。内部间隙不能调整的向心轴承，检修测量径向间隙可参照有关表格。

(2) 轴承顶间隙(轴承与轴承座配合间隙)

在主轴承半径方向的热膨胀空间，应通过调整顶隙来保证，就是说浮动端主轴承外圈与座体之间在顶部局部范围内应保持一定的间隙，一般是 0.25～0.5 mm；当轴较长，温度较高时，轴承顶间隙可为 0.5～1 mm(视主轴承大小分别取上下极限值)。其作用是保证主轴在受热伸长时，轴承座中主轴承的位置在浮动滑移过程中能顺利移动其轴向位置；并保证主轴承外圈与轴承座间有局部浸油空间，而轴承外圈在此时的受热膨胀又不致被座体“抱死”而产生过度发热的情况。

5. *传动方式*

根据使用情况不同，离心通风机的传动方式也有多种。如果离心通风机的转速与电动机的转速相同时，大型风机可采用联轴器，将通风机和电动机直联传动，这样可以使结构简化紧凑，减小机体。小型风机则可以将叶轮直接装在电动机轴上，可使结构更加紧凑。如果离心通风机的转速和电动机的转速不相同，则可以采用通过皮带变速的传动方式。

通常是将叶轮装在主轴的一端，这种结构叫做悬臂式，其优点是拆卸方便。对于双吸或大型单吸离心通风机，一般是采用叶轮放在两个轴承的中间，这种结构叫双支承式，其优点是运转平稳。

目前，我国生产通风机的工厂，把离心通风机的传动方式规定为如图 1-3 所示的六种传动方式。A形电动机与通风机直联。B型、C型、E型都是带传动：B型是悬臂支承，带轮在轴承中间；C 型也是悬臂支承，带轮在轴承外侧；E 型是双支承，带轮在外侧。D 型、F 型是联轴器传动：D 型是悬臂支承，F 型是双支承。离心通风机新标准规定增加第七种传动方式——G 型，为齿轮传动。

1.1.3 风机的预防性维修

主风机的预防性检修包括轴承润滑、年度轴承润滑及皮带检查和全面解体检查三种。

1. *轴承润滑*

风机的轴承润滑周期为3～4个月，其主要目的为定期对转动风机的轴承进行补油润滑，以延长其使用寿命，一般的轴承润滑工作都是在线进行，即在风机运行的工况下直接对风机的轴承加注润滑脂。

轴承润滑步骤如下：

(1) 打开轴承座上的注油孔，将油枪与注油孔连接；

(2) 缓缓对轴承加注适量润滑脂；

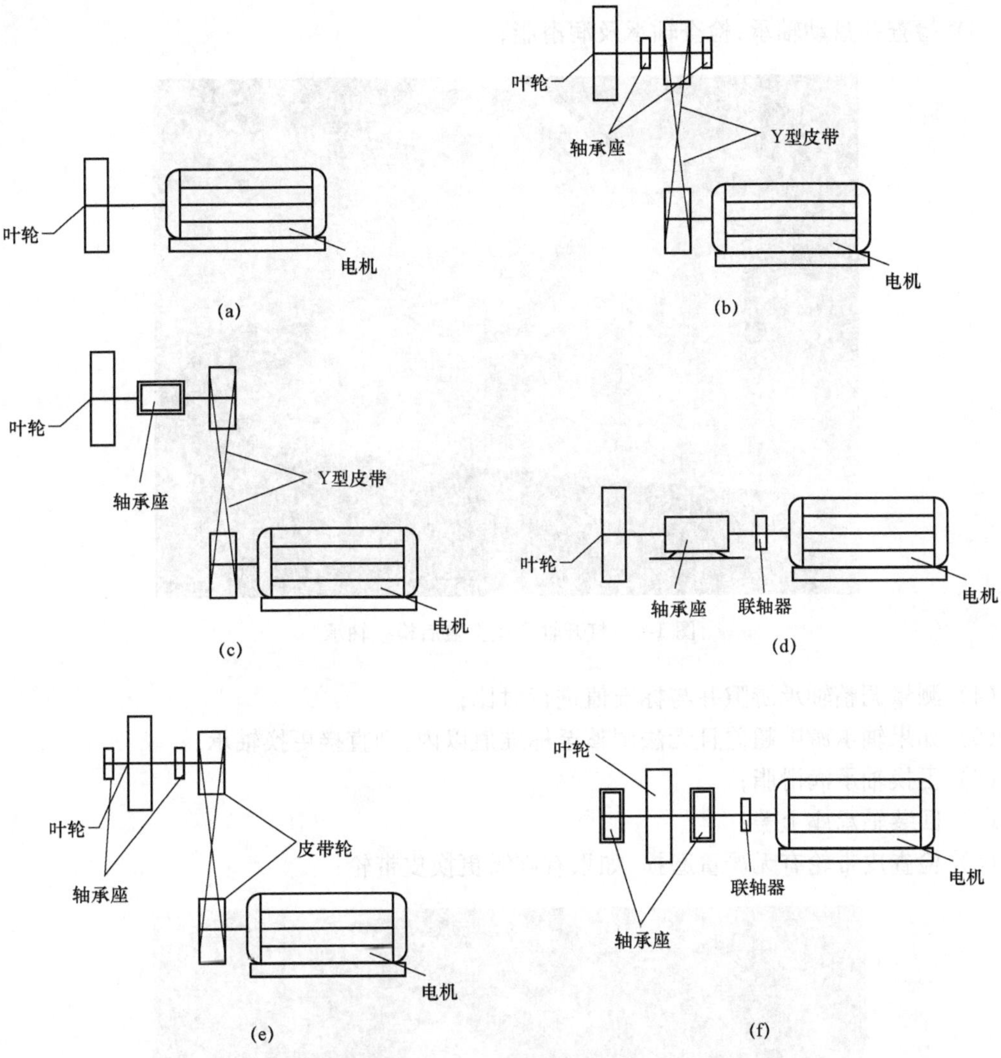

图 1-3　风机常见传动方式

(a) A 型直联传动；(b) B 型皮带传动；(c) C 型皮带传动；
(d) D 型联轴器联接传动；(e) E 型皮带传动；(f) F 型联轴器联接传动

(3) 在加油的同时用听棒检测轴承的运行声音，直到运行声音平滑为止；

(4) 对加注润滑脂后的轴承进行温度和声音监测 30 min，观察风机运行状态；

(5) 确认风机运行正常后工作结束，清理现场。

2. 年度轴承润滑及皮带检查

此工作为风机的年度必检项目，对风机的正常连续运行是使用寿命延长具有重要作用。

根据历史检修经验，风机在运行一年以上，其皮带及轴承的故障率会迅速上升，所以在风机连续运行满一年时需对风机进行皮带，轴承和其他部件的检查工作。

年度轴承及皮带检查步骤(如图 1-4～图 1-7 所示)如下：

(1) 拆除风机皮带罩及皮带；

(2) 打开轴承座上盖；

(3) 检查并盘动轴承,检查轴承及润滑脂;

图 1-4 打开轴承座上盖后检查轴承

(4) 测量调整轴承游隙并与标准值进行对比;

(5) 如果轴承游隙超差且无法调整至标准值以内,则直接更换轴承;

(6) 更换轴承润滑脂;

(7) 回装轴承座上盖;

(8) 检查皮带轮有无严重磨损,如果有则需更换皮带轮;

图 1-5 风机皮带轮及皮带

(9) 更换皮带(为防止皮带在检修完毕的连续运行中出现断裂或抖动大缺陷,在风机年度检查中需将皮带直接更换);

图 1-6　风机皮带新备件

(10) 回装皮带,并重新对中及调整皮带张力;

(11) 回装皮带罩;

(12) 检查风机其他部件如隔振器,软连接有无损坏;

图 1-7　风机软连接检查

(13) 对风机进行品质再鉴定;

(14) 风机品质再鉴定合格后,工作结束,清理现场。

3. 全面解体检查

此项工作只在部分较为重要的风机的预防性维修大纲中有,且检修周期较长,通常为 3 年及以上,其内容包含了年度检查的所有内容外还对一些使用周期较长的非易损件进行检查。由于全面解体检查涉及部件较多,且拆装部件较多,有拆装后风机运行效果比未拆前差的风险,所以执行此项检修工作需格外注意。

全面解体检查步骤如下:

(1) 拆除风机皮带罩及皮带;

(2) 取下皮带轮;

(3) 打开轴承座上盖,检查轴承及润滑脂;

(4) 测量调整轴承游隙并与标准值进行对比;

(5) 如果轴承游隙超差且无法调整至标准值以内,则直接更换轴承;

(6) 拆除风机两端轴承;

(7) 取出风机轴及叶轮;

(8) 检查轴有无磨损或烧痕,并对轴进行跳动量测量;

(9) 检查风机叶轮有无变形,并对叶轮进行动平衡试验;

(10) 检查集流器有无缺陷;

(11) 对动平衡合格的叶轮进行回装,并回装风机轴;

(12) 回装轴承,并更换润滑脂;

(13) 回装风机轴承座上盖;

(14) 检查皮带轮有无严重磨损,如果有则需更换皮带轮;

(15) 更换皮带(为防止皮带在检修完毕的连续运行中出现断裂或抖动大缺陷,在风机年度检查中需将皮带直接更换,而风机解体检查的工作会直接覆盖年度检查的工作,所以在全面解体检查中也需将皮带直接换掉);

(16) 回装皮带,并重新对中及调整皮带张力;

(17) 回装皮带罩;

(18) 检查风机其他部件如隔振器,软连接有无损坏;

(19) 对风机进行品质再鉴定;

(20) 风机品质再鉴定合格后,工作结束,清理现场。

1.2 文件准备

(1) 维修规程:M/MM/X/DVE/XZV/006 上风 QF-C21-4 型风机定期检查和润滑;M/MM/X/DVL/XZV/001 1DVL101ZV 风机定期检查和润滑。

(2) 质量计划:无。

(3) 异物排除方案:无编号,需编、审、批签字。

1.3 工器具准备

(1) 常用工器具:9/10 开口扳手 2 把,13/14 开口扳手 2 把,17/19 开口扳手 2 把,22/24 开口扳手 2 把,16 套筒 1 个,20~100 N·m 力矩扳手 1 把,线坠 2 个,手电 2 个,十字螺丝刀 2 把。

(2) 专用工器具:皮带张力器 2 个。

(3) 计量器具:0~2 m 卷尺 2 把,塞尺 1 把。

1.4 模拟体准备

C 式带式皮带模拟体,E 式带式皮带模拟体。

1.5 辐射防护准备

无。

1.6 工业安全准备

必要的防护用品:防砸鞋、防护手套及安全帽等。

1.7 配合人员准备

无。

1.8 场地准备

根据培训地点确定。

第二章 操作实施

2.1 操作实施1:风机皮带更换

风机皮带更换操作步骤及要求等见表2-1。

表2-1 风机皮带更换操作步骤及要求等

序号	操作步骤	操作要求	工器具	测评标准	备注
1	拆除皮带罩	操作仔细认真,拆除的螺栓妥善安置,如有不同尺寸,需分类存放	开口扳手	动作迅速,螺栓存放妥善	
2	移开电机	将电机螺栓松开,移动电机,使皮带便于取下	开口扳手	成功移开电机	
3	取下皮带	将皮带从皮带轮上取下	无	动作简洁,不损坏皮带	
4	目视检查旧皮带	对旧皮带的外观和质量进行检查,查看是否有磨损或裂缝	无	检查内容准确	
5	安装新皮带	将新皮带安装至皮带轮上	无	安装迅速,不损坏新皮带	
6	回装电机	将电机回位	开口扳手	成功回装电机	
7	新皮带对中	对新安装的皮带进行对中调整,对中精度要求1/1 000	线坠、皮带张力器	新皮带对中准确到位	
8	回装皮带罩	将皮带罩回装	开口扳手	成功回装皮带罩	

2.2 操作实施2:测量轴承游隙和顶间隙

测量轴承游隙和顶间隙的步骤及要求等见表2-2。

表2-2 测量轴承游隙和顶间隙的步骤及要求等

序号	操作步骤	操作要求	工器具	测评标准	备注
1	测量轴承顶间隙	用塞尺测量轴承顶间隙	塞尺	测量方法正确	
2	打开轴承座	将轴承座打开	开口扳手	动作正确	
3	测量轴承游隙	用塞尺测量轴承游隙	塞尺	测量方法正确	
4	记录轴承游隙	将测量的轴承游隙值记录下来	无	记录数据及单位正确	
5	回装轴承座	将轴承座回装,并紧固螺栓	开口扳手	动作正确	

2.3 操作实施 3:更换润滑脂

更换润滑脂的步骤及要求等见表 2-3。

表 2-3 更换润滑脂的步骤及要求等

序号	操作步骤	操作要求	工器具	测评标准	备注
1	旧润滑脂检查	盘动轴承,检查旧润滑脂质量	无	动作正确	
2	取出旧润滑脂	手动取出旧润滑脂	无	手部清洁,油脂清理干净	
3	添加润滑脂	手动添加新润滑脂	无	手部清洁,新油脂添加均匀	

2.4 实施中需要特别注意的几个关键点

2.4.1 拆除及安装皮带时需注意手部安全

拆除及安装皮带时需盘动皮带轮,此时皮带轮会产生很大的惯性转动力,如果此时手部过于靠近皮带轮,则容易使手被卷入皮带轮中导致手指受伤。

2.4.2 对轴承游隙和顶间隙的测量

使用塞尺时,对于合适的轴承游隙和配合测量标准,应以“基本通过,略微受阻”为最佳。

顶隙测量方法是在压紧上盖的情况下,保证在轴承顶部 30～50 mm 范围内相应厚度的塞尺(如 0.03～0.06 mm)能通过(见图 2-1)。

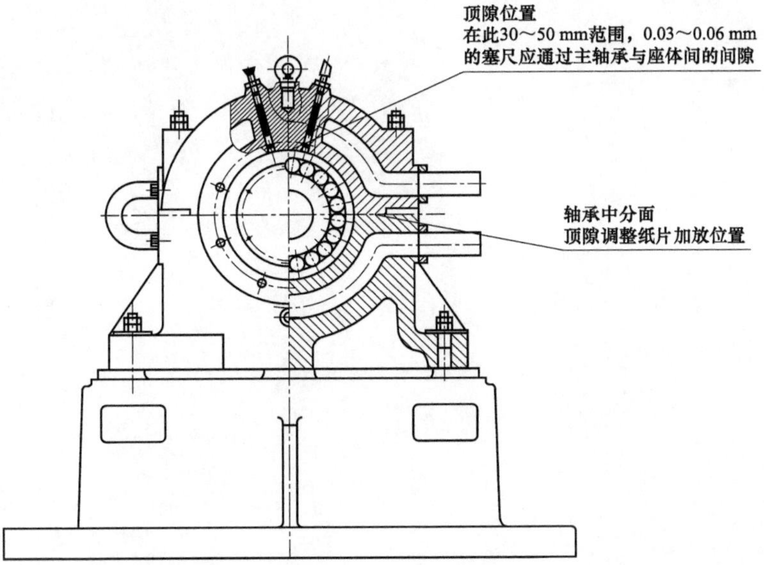

图 2-1 轴承顶间隙

注意保持轴承座清洁光滑，保证轴承滑移顺畅；绝对禁止异物存在，不得将点滴密封胶、锈渣、油漆之类的异物残存在配合面上，否则将造成主轴承过热等严重后果。

2.4.3 更换润滑脂

由于风机运行时润滑脂是在轴承室内部工作的，更换润滑脂时需保证手部清洁，防止有异物或杂质混入润滑脂导致润滑失效。

第三章　故障检查和处理

常见故障现象和判断方法见表 3-1。

表 3-1　常见故障现象和判断方法

常见缺陷描述	故障原因分析	解决方法
轴承温度高	● 润滑脂过多	● 减少定期加润滑脂的量
	● 润滑脂型号不符合要求	● 更换成合适的油脂
	● 定位环间隙太小	● 检查轴承，调整定位环间隙
	● 轴承润滑周期过长	● 及时进行预防性润滑
风机运行异音	● 润滑脂不足	● 增加定期加润滑脂的量
	● 轴承游隙和定位环间隙不符合要求	● 检查并重新安装轴承
	● 皮带轮及叶轮与转轴之间的配合有误	● 检查转轴与皮带轮及叶轮的问题
皮带抖动大	● 皮带安装时张力调整不符合要求	● 重新安装皮带并调整好皮带张力
	● 皮带使用时间较长磨损严重	● 定期更换风机皮带
风机运行振动高	● 叶轮动平衡偏差大	需对多方面原因进行综合考虑，解决方法一般都是组合性的
	● 轴承座及机座受力不均	
	● 减振垫松动或失效	
	● 轴承游隙偏差较大	
	● 轴承与轴承座配合偏差	
	● 其他原因	

第四章　操作结束

1. 培训关键点

风机更换皮带过程中，新皮带的对中调整及皮带张力控制是关键，直接影响后续皮带的正常工作乃至整台风机的运行状态。

测量轴承游隙的过程中，塞尺的使用是否正确会影响最终的测量数值，设置可以由读数来决定是否需要换轴承，需要严格把关。

更换润滑脂过程中，需要对旧油脂进行色质检查，如发现油脂已发黑，则说明润滑脂已变质，需要将油脂彻底清理干净后再加脂。

2. 针对学员技能培训进行点评

更换皮带中，动作要流畅，同时要保护自身不受伤害，对中及调皮带张力的方法需正确。学员能复述出工作的过程及要点。教员对学员的陈述简要记录，根据阐述评判学员的掌握情况。教员指出学员阐述过程中的错误以及需要注意的事项，并且依据评判表，对学员的学习情况做出整体评判。

3. 清理现场

工作结束后，做到工完料尽场地清。工具整理并与工具清单进行对比，确保工具无缺失，并检查工具的可用性，记录损坏情况并汇报。对更换的领料物资与领料单进行核实，确保所有可更换的物资已更换。清理工作过程中的耗材，进行分类处理，放置到对应的塑料袋中。清理现场的塑料布、橡胶板，必要时用白布清理现场。

4. 工后会

回顾工作过程：场地已清理，设备标牌完好，对检修任务进行评价，是否达到预期的目的，试验设备与工器具已经归还。

工作后的经验反馈是对以后同类型的风机工作的经验积累，以提高工作的检修技能，更好地完成检修工作。

第五章　经验反馈

5.1　2DVN003ZV 风机轴承烧毁

故障描述：2007 年 3 月 1 日，国内某核电厂 2DVN003ZV 风机非驱动端轴承温度瞬间达到 100 ℃，导致其烧毁，轴承内外圈及保持架损坏，轴承座严重磨损，同时皮带也被拉断，后果非常严重。

故障原因：在故障发生前 10 个月内未对风机进行过预防性维修及润滑，属于预防性维修及润滑不及时，导致轴承缺少润滑脂致使其干磨而迅速升温。

检修过程：对风机进行全面解体检查，吊出电机及风机箱体，整体拆除风机传动机构，将叶轮整体做动平衡试验，同时全部更换主轴、轴承、轴承座、定位环、油封、皮带、紧定套和润滑脂，对新的主轴跳动量进行测定，同时测量轴承游隙和轴承座水平度均合格，重新调整皮带平行度和张力，回装风机，品质再鉴定合格，缺陷消除。

经验反馈：风机的轴承和皮带是最容易出现缺陷的部件，风机的轴承润滑和皮带检查类的预防性项目必须及时触发并实施，否则就会出现轴承缺油干磨和皮带断裂等缺陷，有时会造成严重的后果。目前此台 2DVN003ZV 风机机械方面拥有“轴承润滑及皮带检查”“轴承清洗、检查和更换油脂”“风机轴承更换”三个预防性维修项目，周期分别为 6 个月、1 年和 3 年，比较完善，只要及时对风机进行有效的预防性维修工作，发生缺陷的概率就会大大降低。

5.2　2DVK001ZV 风机振动大

从 2007 年 10 月至 2008 年 2 月，国内某核电厂 2DVK001ZV 风机由于振动大，共进行过 3 次检修。这三次振动大的原因和处理方法均不相同，以下是具体检修过程。

1. 第一次检修

故障描述：2007 年 10 月 16 日，2DVK001ZV 风机振动监测指示波动过大。

故障原因：主要为叶轮动平衡偏差大造成，同时减震器或轴承的缺陷也可能造成振动过大。

检修过程：对风机进行全面解体检查。首先发现风机底部减震器部分已经失效。检查皮带完好。检查轴承润滑脂变黑需更换，轴承间隙合格但同轴度偏大需更换轴承。叶轮动平衡试验不合格，重新修补后再做直到合格。检查风机其他部位完好无异常。更换风机轴承、润滑脂、减震器后重新回装，品质再鉴定合格。

2. 第二次检修

故障描述：2007 年 12 月 3 日，2DVK001ZV 风机振动监测指示波动大，出现高报警。

故障原因：可能为轴承座缺陷、机座受力分布不均引起。

检修过程：检查皮带情况良好，检查润滑脂也正常，检查轴承表面有擦伤，且轴承座上盖也有磨损的痕迹。更换了新的轴承及轴承座后回装，品质再鉴定合格。

3. 第三次检修

故障描述：2008年2月1日，现场巡检发现2DVK001ZV有一点振动波动大，最低20 μm，最高达到120 μm。

故障原因：减震器有轻微松动。

检修过程：检查减震垫轻微松动；减震垫上的紧固螺栓的弹簧垫片弹力失效，领取新的弹簧垫片并更换，重新调整减震垫，直至振动在合格范围，品质再鉴定合格，缺陷消除。

4. 经验反馈

经验反馈：综合这三次检修情况看，造成风机振动高的原因很多，如叶轮、轴承及轴承座、减震器及底部支架等的缺陷都有可能造成风机运行振动高，必须遵循“具体情况具体分析”的原则。在检测手段有限的情况下，需要尽量做到检修全面，同时在检修完毕后需要确认紧固部件已完全固定。

5.3 2DVG002ZV 风机运行异音

故障描述：2010 年 11 月 30 日，国内某核电厂 2DVG002ZV 风机运行中出现异音。

故障原因：轴承安装不当，导致非驱动端游隙超差达到 0.12 mm，正常为 0.035～0.065 mm。

检修过程：解体风机，打开轴承座上盖，检查风机轴承发现非驱动端间隙超差，且磨损严重，油脂变质。更换了轴承、轴承座及润滑脂，重新对皮带进行调整对中，回装风机，品质再鉴定合格，缺陷消除。

经验反馈：在检修风机时轴承的安装需特别细心，稍有误差便会导致各种缺陷，如运行异音和轴承温度高等，检修人员在这方面需特别注意。

5.4 1DVE007ZV 皮带抖动大

故障描述：2011 年 6 月 7 日，国内某核电厂 1DVE007ZV 风机皮带抖动大且两根皮带时常发出相互碰触的“嗒嗒”声。

故障原因：皮带磨损。

检修过程：拆除皮带罩及皮带，检查发现皮带磨损严重，检查皮带轮无磨损迹象。更换了新的皮带后重新对中检查回装，品质再鉴定合格，缺陷消除。

经验反馈：为了防止日常期间风机运行过程中出现皮带断裂的情况，在日常运行的风机年度检查中均直接将皮带进行更换，同时每次检修完毕风机后需对皮带进行仔细地对中调整，以确保起机运行后皮带不会因为安装问题而出现抖动过大。

5.5 2DVM003ZV 风机轴承烧毁

故障描述：2018 年 10 月 30 日，国内某核电厂 2DVM003ZV 风机于至 30 日夜间 31 日凌晨风机轴承因磨损严重失效，发生冒烟。

检修过程：

(1) 拆除皮带罩，对皮带张力进行复测：六根皮带分别 40～90 N，越往外侧张力越小。现在规程中要求的是 160～220 N，因为轴承保持架散架了，滚珠有磨损，所以皮带张力被松掉了。

(2) 拆卸皮带轮，检查发现轴已弯曲变形。

(3) 驱动端轴承为双列球面滚柱轴承，打开驱动端轴承座上盖，润滑脂变质发黑，轴承内侧一列保持架烧毁，两列滚珠有磨损。清除轴承座残余油脂，可见轴承座上盖有烧伤痕迹。复测驱动端轴承座顶间隙 0.41 mm。

(4) 非驱动端轴承完好，润滑脂除有少量锈红外无明显变质；复测非驱动端轴承顶间隙 0.15 mm。

故障原因：2DVM003ZV 风机轴承为 22222K 型调心双列圆柱滚子轴承，轴承外圈直径 ϕ200 mm。根据 GB/T 275—2015《滚动轴承 配合》中所示轴承外圈与轴承座孔公差带为 H7，查表可得到标准范围为 0～0.05 mm（方法如表 5-2 所示），负责驱动端与非驱动端轴承间隙数据均超出标准范围，导致轴承跑外圈，高温发热引起油封起火，使保持架烧毁散架，轴承座上盖磨损。同时，高温下引起轴弯曲变形。

表 5-1 推力轴承和轴承座孔的配合——孔公差带

<table>
<tr><th colspan="2">载荷情况</th><th>轴承类型</th><th>公差带</th></tr>
<tr><td colspan="2" rowspan="3">仅有轴向载荷</td><td>推力球轴承</td><td>H8</td></tr>
<tr><td>推力圆柱、圆锥滚子轴承</td><td>H7</td></tr>
<tr><td>推力调心滚子轴承</td><td>—[a]</td></tr>
<tr><td rowspan="3">径向和轴向联合载荷</td><td>座圈承受固定载荷</td><td rowspan="3">推力角接触球轴承、推力调心滚子轴承、推力圆锥滚子轴承</td><td>H7</td></tr>
<tr><td rowspan="2">座圈承受旋转载荷或方向不定载荷</td><td>K7[b]</td></tr>
<tr><td>M7[c]</td></tr>
</table>

[a] 轴承座孔与座圈间间隙为 0.001D(D 为轴承公称外径)。

[b] 一般工作条件。

[c] 有较大径向载荷时。

表 5-2 0 级公差向心轴承（圆锥滚子轴承除外）与轴承座孔的配合

公称尺寸/mm		轴承外径偏差 ΔD_{mp}/μm		孔公差带																							
				G7		H8		H7		H6		J7		J6		JS7		JS6		K6		K7		M6		M7		N6	
				轴承座孔直径的极限偏差/μm																							
>	≤	上	下	上	下	上	下	上	下	上	下	上	下	上	下	上	下	上	下	上	下	上	下	上	下	上	下	上	下
10	18	0	−8	+24	+6	+27	0	+18	0	+11	0	+10	−8	+6	−5	+9	−9	+5.5	−5.5	+2	−9	+6	−12	−4	−15	0	−18	−9	−20
18	30	0	−9	+28	+7	+33	0	+21	0	+13	0	+12	−9	+8	−5	+10	−10	+6.5	−6.5	+2	−11	+6	−15	−4	−17	0	−21	−11	−24
30	50	0	−11	+34	+9	+39	0	+25	0	+16	0	+14	−11	+10	−6	+12	−12	+8	−8	+3	−13	+7	−18	−4	−20	0	−25	−12	−28
50	80	0	−13	+40	+10	+46	0	+30	0	+19	0	+18	−12	+13	−6	+15	−15	+9.5	−9.5	+4	−15	+9	−21	−5	−24	0	−30	−14	−33
80	120	0	−15	+47	+12	+54	0	+35	0	+22	0	+22	−13	+16	−6	+17	−17	+11	−11	+4	−18	+10	−25	−6	−28	0	−35	−16	−38
120	150	0	−18	+54	+14	+63	0	+40	0	+25	0	+26	−14	+18	−7	+20	−20	+12.5	−12.5	+4	−21	+12	−28	−8	−33	0	−40	−20	−45
150	180	0	−25	+54	+14	+63	0	+40	0	+25	0	+26	−14	+18	−7	+20	−20	+12.5	−12.5	+4	−21	+12	−28	−8	−33	0	−40	−20	−45
180	250	0	−30	+61	+15	+72	0	+46	0	+29	0	+30	−16	+22	−7	+23	−23	+14.5	−14.5	+5	−24	+13	−33	−8	−37	0	−46	−22	−51
250	315	0	−35	+69	+17	+81	0	+52	0	+32	0	+36	−16	+25	−7	+26	−26	+16	−16	+5	−27	+16	−36	−9	−41	0	−52	−25	−57
315	400	0	−40	+75	+18	+89	0	+57	0	+36	0	+39	−18	+29	−7	+28	−28	+18	−18	+7	−29	+17	−40	−10	−46	0	−57	−26	−62
400	500	0	−45	+83	+20	+97	0	+63	0	+40	0	+43	−20	+33	−7	+31	−31	+20	−20	+8	−32	+18	−45	−10	−50	0	−63	−27	−67
500	630	0	−50	+92	+22	+110	0	+70	0	+44	0	—	—	—	—	+35	−35	+22	−22	0	−44	0	−70	−26	−70	−26	−96	−44	−88
630	800	0	−75	+104	+24	+125	0	+80	0	+50	0	—	—	—	—	+40	−40	+25	−25	0	−50	0	−80	−30	−80	−30	−110	−50	−100
800	1 000	0	−100	+116	+26	+140	0	+90	0	+56	0	—	—	—	—	+45	−45	+28	−28	0	−56	0	−90	−34	−90	−34	−124	−56	−112
1 000	1 250	0	−125	+133	+28	+165	0	+105	0	+66	0	—	—	—	—	+52	−52	+33	−33	0	−66	0	−105	−40	−106	−40	−145	−66	−132

第六章　习　题

6.1　选择题

1. 风机轴承润滑的周期一般为(B)。

A. 1个月　　B. 3至4个月

C. 1年　　D. 所有风机都无需轴承润滑

2. 如果轴承游隙超差且无法调整到合格范围内,则需采取的措施是(C)。

A. 直接回装　　B. 对轴承进行机加工修复

C. 更换轴承　　D. 更换轴承座

3. 测量轴承游隙所用的工具为(B)。

A. 游标卡尺　　B. 塞尺　　C. 螺旋测微器　　D. 百分表

4. 以下哪项不是风机运行轴承温度高的原因(A)。

A. 皮带安装时张力调整不当　　B. 润滑脂型号不符合要求

C. 定位环间隙太小　　D. 轴承润滑周期过长

5. 以下哪个风机缺陷在日常巡检中可以被发现(D)。

A. 皮带抖动大　　B. 风机运行异音

C. 轴承温度高　　D. 都能被发现

6.2　判断题

1. 风机全面解体检查的周期一般为一年左右。　(×)

2. 造成风机振动的原因通常是多方面的,分析缺陷时需进行综合考虑,同时解决的方法一般都是组合性的。　(√)

3. 轴承在线润滑时,为了省时间,加完润滑脂后便可直接离开,无需在现场停留。　(×)

4. 在日常预防性维修工期太紧的情况下,风机年度检查工作中可以省略对轴承游隙测量的步骤。　(×)

6.3　简述题

列举出风机的主要组成部件(写出6个给满分)。

答:机壳、软连接、主轴、叶轮、轴承、轴承座、皮带轮、皮带及皮带罩、电机等。

6.4　实操题

鉴定点:风机皮带更换的对中测量及皮带张力调整

试题 1:风机皮带更换

1. 准备要求

考场准备:

(1) 试题名称:风机皮带更换

(2) 本题分值:20

(3) 考核时间:40 min

(4) 考核形式:实操

(5) 设备设施准备:

序号	名称	规格	单位	数量	备注
1	风机模拟体		台	1	教学模拟体一台
2	扳手、 一字螺丝刀等		套	1	风机检修用工具

考生准备:

(1) 试题名称:风机皮带更换

(2) 本题分值:20

(3) 考核时间:40 min

(4) 考核形式:实操

(5) 工具及其他准备:无

2. 考核要求

(1) 本题分值:20

(2) 考核时间:40 min

(3) 考核形式:实操

(4) 具体考核要求:根据解体规程,熟悉其关键点、风机拆除前需标记位置、皮带更换过程大致步骤

(5) 否定项说明:无

3. 配分与评分标准

序号	考核内容	考核要点	配分	评分标准	扣分	得分
1	皮带拆除	皮带拆除的准备工作	5	● 未做好工前准备扣 2 分; ● 在拆除皮带罩及螺栓前做记号扣 2 分		

续表

序号	考核内容	考核要点	配分	评分标准	扣分	得分
2	新皮带安装	安装过程是否正确	5	● 野蛮操作扣 2 分； ● 对手部造成伤害扣 2 分		
3	皮带对中	检查对中方法是否正确	5	● 未用对中工具扣 2 分； ● 对中读数不正确扣 2 分		
4	皮带张力调整	检查调整张力的方法是否正确	5	● 未使用皮带张力计扣 2 分； ● 读数错误扣 2 分		

否定项：工器具随意堆放或丢失；工作完成后未及时清理场地。

评分人： 年 月 日 核分人： 年 月 日

第五部分　柴油机定期检查及试验

第一章　应急柴油机的结构介绍

1.1　16PC2-5V400 型应急柴油机的简介

秦山第二核电厂应急柴油机采用的是法国 S.E.M.T PIELSTICK 公司生产的 16PC2-5V400 型多用途大功率柴油机，具有结构紧凑、燃油消耗率低、可靠性好等特点，广泛应用于船用动力主机和陆用电站。其主要性能参数如表 1-1 所示。

表 1-1　16PC2-5V400 型应急柴油机主要性能参数表

型号	16PC2-5V400
生产厂家	法国 S.E.M.T　PIELSTICK 公司
型式	四冲程、涡轮增压、中冷
缸数	16
气缸排列	V 型夹角 45°
额定转速	500 r/min
气缸内径	400 mm
活塞行程	460 mm
曲轴转向	顺时针
额定功率	6 300 kW
压缩比	11.5:1
换气容量	925 L
燃烧系统	直接喷射
喷射型式	连续、多孔型式喷射

应急柴油机结构复杂，其主要零部件包括缸盖总成、燃油喷射系统、运动件(缸套、活塞等)、机身—主轴瓦—曲轴组件、定时齿轮—凸轮轴—盘车机构组件、联轴节、流体管路、增压系统、调速—超速—安全—连接杆系统等几大部分。

1.2　16PC2-5V400 型应急柴油机主要零部件概述

1.2.1　机体与机座

应急柴油机其机体与机座的组合方式为倒挂式主轴承的机体结构，柴油机的机体结构如图 1-1 所示。

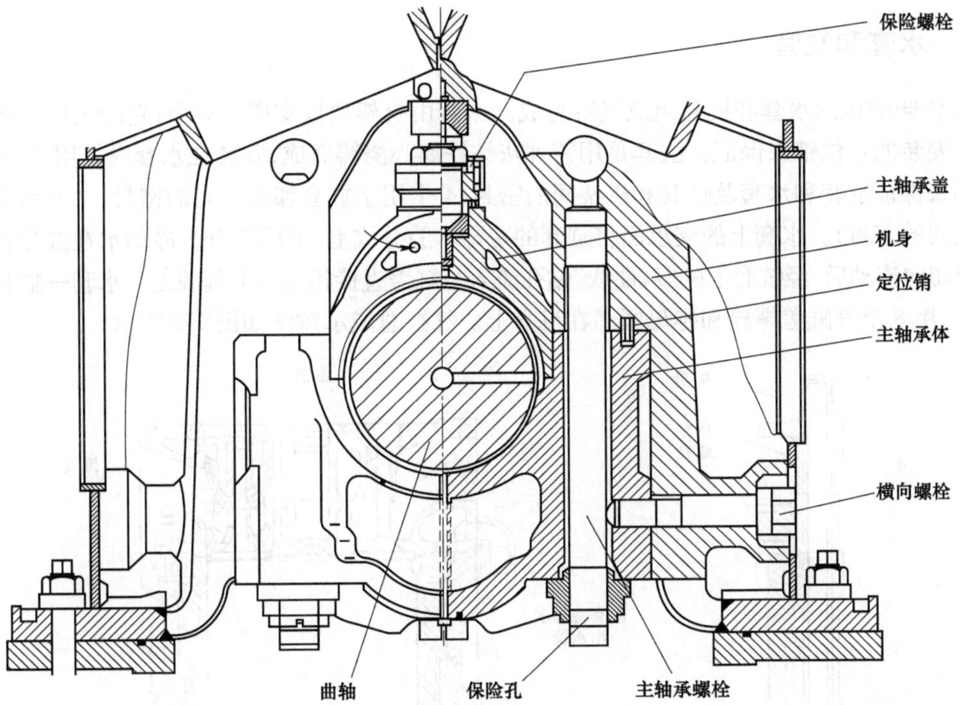

图 1-1　柴油机机体结构图

主轴承体用螺栓紧固在机体上，并用横向螺栓拉紧。主轴承装入机体的龙门槽内，曲轴中心线离剖分面较远，提高了机体和主轴承的刚度。

1.2.2　曲轴和主轴承

应急柴油机的曲轴是用 42CrMoA 合金钢模锻而成，经热处理抗拉强度达 800 MPa。曲轴沿轴向和曲柄销、主轴颈径向钻孔，形成油道，每个曲拐上装有两个平衡重块，平衡重块通过紧固螺栓固定。曲轴结构示意图如图 1-2 所示。

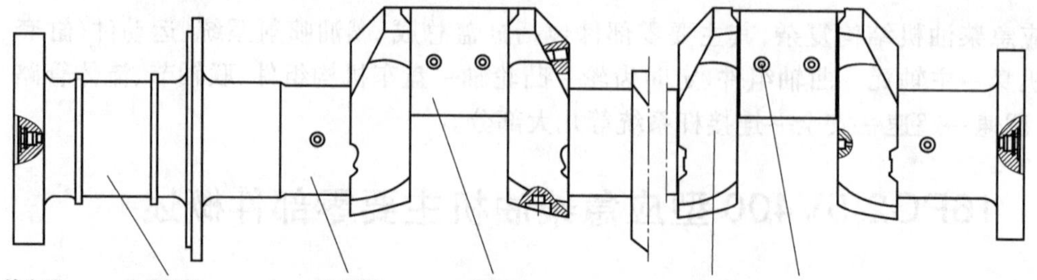

图 1-2　16PC2-5 型应急柴油机曲轴结构示意图

主轴承由轴承体和轴承盖组成。轴承体为铸钢件，它通过两个双头螺柱和两个横向螺栓，固定在机身的拱门上，轴承通过液压的方式依靠球面副，固定在轴承体上，润滑油通过千斤顶进入主轴瓦。

1.2.3　水套和缸套

应急柴油机的水套和缸套组成气缸总成。水套由机架顶板支撑并对中；它的定位由其下部机架上安装的定位销来保证。缸套是用特种灰铸铁离心浇铸而成，安装在水套内。用 5 个橡胶密封圈来保证缸套和水套及缸套和机架间的密封(4 个用于缸套和水套间的密封，一个用于缸套和机架间的密封)。水套上的支承面将缸套的冷却水腔分成上、下两部分。冷却水在缸套和水套下部成切向流动后，经缸套上的“双曲线”钻孔流入与缸盖直接相连的上部腔道。水套—缸套—缸盖组件，用 8 个气缸盖螺栓和螺母紧固在机身上。气缸总成示意图如图 1-3 所示。

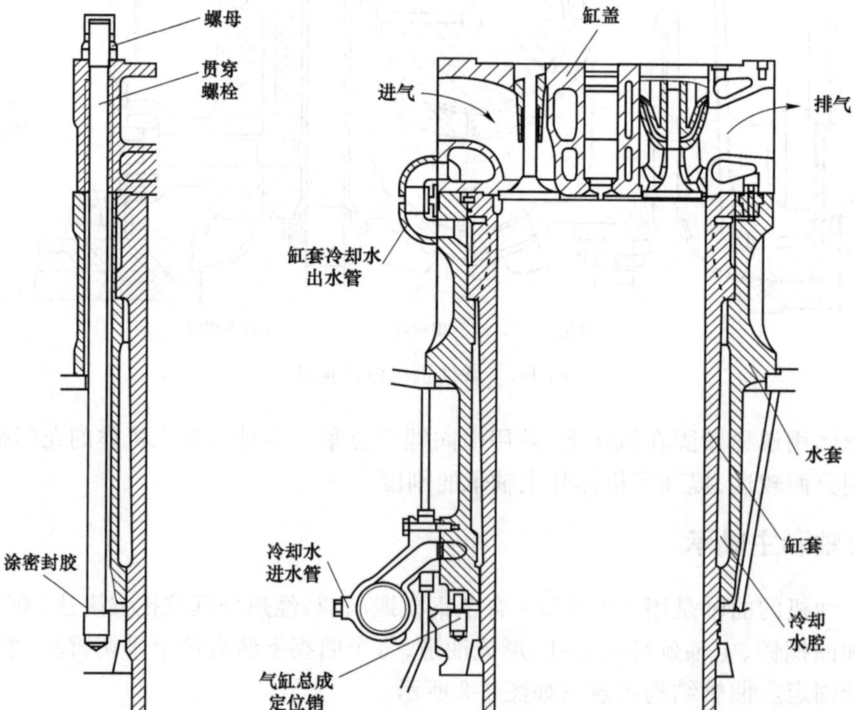

图 1-3　气缸总成示意图

1.2.4 活塞和连杆组件

应急柴油机采用的是组合式油冷却活塞,其示意图如图 1-4 所示。

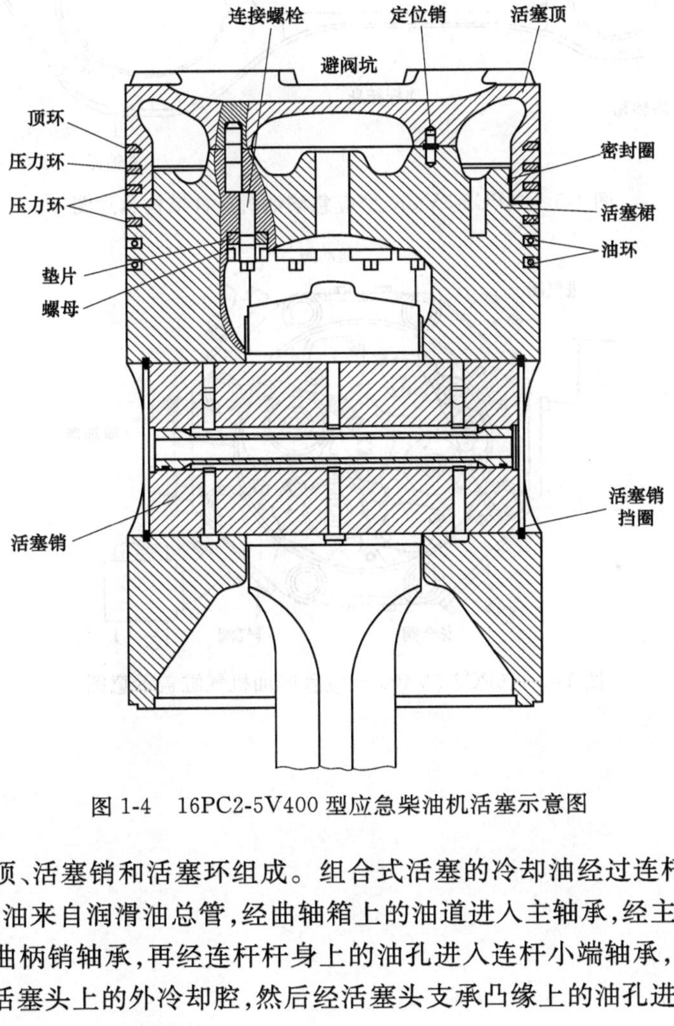

图 1-4 16PC2-5V400 型应急柴油机活塞示意图

活塞由活塞顶、活塞销和活塞环组成。组合式活塞的冷却油经过连杆上的油孔进入活塞冷却油腔,冷却油来自润滑油总管,经曲轴箱上的油道进入主轴承,经主轴径、曲臂和曲柄销上的油孔进入曲柄销轴承,再经连杆杆身上的油孔进入连杆小端轴承,经活塞销内孔、活塞销座向上通入活塞头上的外冷却腔,然后经活塞头支承凸缘上的油孔进入内冷却腔,最后由活塞中心部的出油孔排到曲轴箱。

连杆由连杆小端、连杆杆身、连杆大端组成,在连杆小端和连杆大端分别装有连杆轴瓦,柴油机连杆示意图如图 1-5 所示。

1.2.5 气缸盖

应急柴油机的气缸盖外部轮廓为八角棱形,它通过一个钢的垫圈用8个螺栓与缸套紧固在一起。缸盖上装有:摇臂支座及进排气摇臂、两个进气阀总成、两个排气阀壳总成、一个喷油器、一个起动阀、一个安全阀(或堵头)。16PC2-5V400 型应急柴油机气缸盖结构示意图如图 1-6 所示。

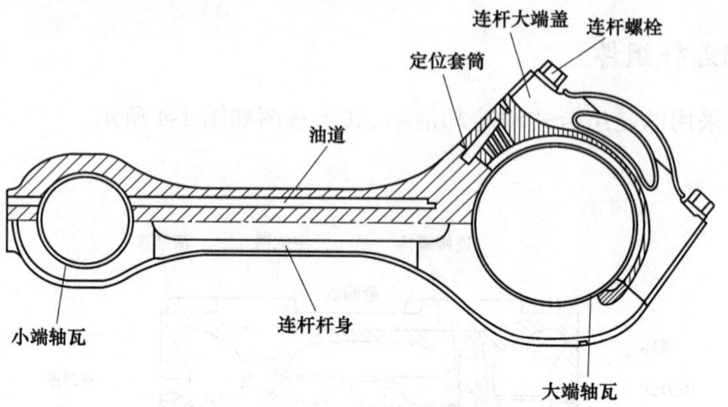

图 1-5 16PC2-5V400 型应急柴油机连杆结构示意图

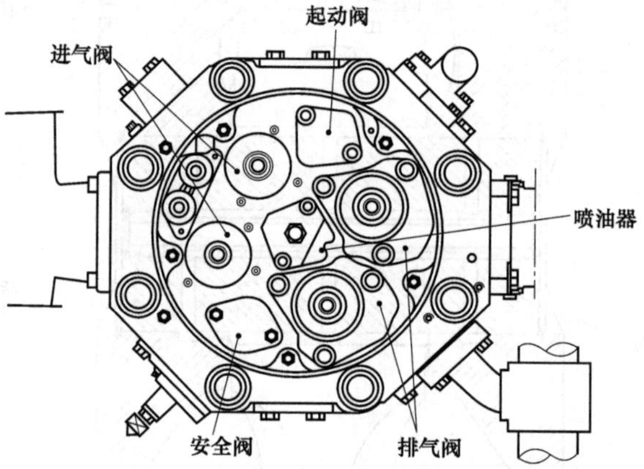

图 1-6 16PC2-5V400 型应急柴油机气缸盖示意图

第二章　应急柴油机的工作原理介绍

16PC2-5V400 型应急柴油机是内燃机的一种类型，它工作时柴油以高压雾状喷入燃烧室内燃烧，释放出热能，通过高压燃气膨胀将热能转变成机械功。应急柴油机的工作是由进气、压缩、燃烧膨胀和排气四个过程来完成的。在应急柴油机的四个冲程中，只有燃烧膨胀冲程才产生动力对外做功，其余三个冲程都是消耗功的准备过程，为此需在柴油机曲轴上安装飞轮，利用飞轮的转动惯性，使曲轴在四个冲程中连续均匀地运转。

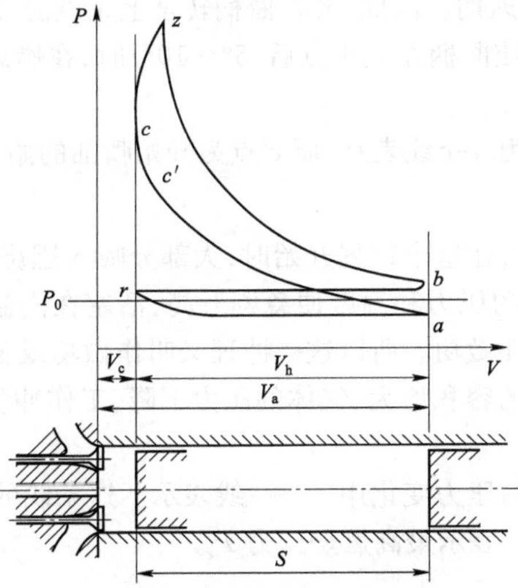

图 2-1　柴油机示功图

1. 进气冲程

第一冲程——进气，它的任务是使气缸内充满新鲜空气。当进气冲程开始时，活塞处于上止点。气缸内的燃烧室中还留有一些废气。

当曲轴旋转时，连杆使活塞由上止点向下止点移动，同时进气阀打开。

随着活塞的向下运动，气缸内活塞上面的容积逐渐增大，造成气缸内压力低于进气管内的压力，因此，外面的新鲜空气就不断地充入气缸。

进气过程中气缸内气体压力随着气缸容积变化的情况，如示功图(图 2-1)所示。

图中纵坐标表示气体压力 P，横坐标表示气缸容积 V_h(或活塞冲程 S)，这个图形称为示功图。图中的压力曲线表示柴油机工作时，气缸内气体压力的变化规律，图中 r–a 线表示进气过程中气体压力的变化情况。进气开始(r 点)由于存在残余废气，所以稍高于大气压力 P_0。在进气过程中由于空气通过进气管和进气阀时产生流动阻力，所以进气过程的气体压力低于大气压力，其值为 0.085～0.095 MPa，在整个进气过程中，气缸内气体压力大致保持不变。

当活塞向下运动接近下止点时，进入气缸的气流仍具有很高的速度，惯性很大，为了利用气流的惯性来提高充气量，进气阀在活塞过了下止点以后才关闭。虽然此时活塞上行，但由于气流的惯性，气体仍能充入气缸。

2. 压缩冲程

第二冲程——压缩，压缩时活塞从下止点向上止点运动，这个冲程的功用有两点：一是提高空气的温度，为燃料自行发火做准备；二是为气体膨胀作功创造条件。当活塞上行时，进气阀关闭以后，气缸内的空气受到压缩，随着容积的不断缩小，空气的压力和温度也就不断升高，压缩终点的压力和温度与空气的压缩密度有关，即与压缩比有关，一般压缩终点的压力和温度为：P_c=4～8 MPa，T_c=750～950 K。

柴油的自燃温度为 543～563 K，压缩终点的温度要比柴油自燃的温度高很多，足以保证喷入气缸的燃油自行发火燃烧。

喷入气缸的柴油，并不是立即发火的，而是经过物理化学变化之后才发火，这段时间有 0.001～0.005 s，称为发火延迟期。因此，要在曲柄转至上止点前 10°～35° 曲柄转角时开始将雾化的燃料喷入气缸，并使曲柄在上止点后 5°～10° 时，在燃烧室内达到最高燃烧压力，迫使活塞向下运动。

在示功图上，压缩冲程用 a–c 线表示，而 c' 点为开始喷油的始点。

3. 燃烧膨胀冲程

第三冲程——燃烧膨胀，在这个过程开始时，大部分喷入燃烧室的燃料已燃烧。燃烧时放出大量的热量，因此气体的压力和温度便急剧升高，活塞在高温高压气体作用下下行，并通过连杆使曲柄轴转动，对外做功。所以这一冲程又叫作做功或工作冲程。

随着活塞的下行，气缸的容积增大，气体的压力下降，工作冲程在活塞行至下止点，排气阀打开时结束。

在示功图中，工作冲程的压力变化用 c–z–b 线表示。这条线的 c–z 段表示燃料在气缸内燃烧时压力急剧升高，而 z 点表示最高燃烧压力 P_z。

4. 排气冲程

第四冲程——排气，排气冲程的功用是把膨胀后的废气排出去，以便充填新鲜空气，为下一个循环的进气做准备。当工作冲程活塞运动下止点附近时，排气阀开启，活塞在曲轴和连杆的带动下，由下止点向上止点运动，并把废气排出气缸外。由于排气系统存在着阻力，所以在排气冲程开始时，气缸内的气体压力 P_b 比大气压力高。为了减少排气时活塞运动的阻力，排气阀在下止点前就打开了。排气阀一打开，具有一定压力的气体就立即冲出气缸外，缸内压力迅速下降，这样当活塞向上运动时，气缸内的废气依靠活塞上行排出去。为了利用排气时的气流惯性使废气排出得干净，排气阀在上止点以后才关闭。

在示功图上，排气冲程用 b–r 线表示。这条线表示在排气过程中，缸内的气体压力几乎是不变的，而且都是提前开推迟关的，所以在排气冲程末和进气冲程初，活塞处于上止点附近时，有一段时间进、排气阀同时开启，这段时间用曲轴转角来表示，称为气阀重叠角。

排气冲程结束后，又开始进气冲程，于是整个工作循环就依照上述过程重复进行。

在四冲程柴油机的四个冲程中，只有第三个冲程即工作冲程才产生动力对外做功，而其余三个冲程都是消耗功的准备过程，为此在柴油机上必安装飞轮，利用飞轮的转动惯性，使曲轴在四个冲程中连续均匀地运转。

第三章　应急柴油机的辅助系统及系统工作原理介绍

16PC2-5V400 型应急柴油机除主要组件外，要使其正常、安全而又可靠地运转，还必须保证气、油、水的充分供应和循环，应急柴油机辅助系统主要包括：燃油系统、主润滑油系统、冷却水系统（包括高/低温水系统）、进、排气系统、压缩空气系统，发电机轴承润滑油系统及其有关装置。

1. 冷却水系统

应急柴油机冷却系统分为高温水系统和低温水系统，其中高温水系统功能分柴油机在运行状态和备用状态两种情况：柴油发电机组在运行过程中，高温水系统的功能是冷却机械部件，例如：气缸套、气缸盖、排气阀、喷油器等，而热量最终将由散热风机带走；柴油机发电机组处于备用状态时，为了时刻保持暖机状态，以确保机组能很好地应急起动，高温水系统的功能一方面是预热柴油机，使得柴油机在应急启动时有一个最佳的机械条件，另一方面则是通过热交换器加热润滑油，而高温水则是由电加热器 200RS 对其进行预热。低温水系统的功能是在柴油机运行期间冷却润滑油和柴油机燃烧进气，该系统是一个闭式循环系统，低温水带走润滑油和涡轮增压后空气的热量，使它们的温度保持在规定的范围内，而低温水的温度随之升高，再用风机和散热器组成的空气冷却器对其进行冷却，最终低温水再进入机器，如此不断循环使用。

2. 主润滑油系统

应急柴油机主润滑油系统的功能分柴油机在运行状态和备用状态两种情况。应急柴油机处于运行状态，其主润滑油系统的功能体现在以下几个方面：

(1) 润滑主机（主轴承、活塞、缸套等）以及辅机（机带泵等）；

(2) 冷却活塞头部；

(3) 清洗发动机和管路，防止腐蚀和氧化。

应急柴油机处于备用状态，其主润滑油系统中的预润滑回路处于工作状态，功能是使润滑油系统内部充满润滑油，相互运动零件表面布有充分的润滑油，同时润滑油接受适当加热以利于流动布油，确保柴油机在紧急情况时，能够快速起动并接受满载工作。

3. 燃油系统

应急柴油机燃油系统的功能是将能满足柴油机正常工作的燃油以一定的压力和程序准确、足量地喷入柴油机燃烧室，以保证柴油机的正常工作。

柴油发电机组运行时，燃油转运系统用两台 100%容量的电动泵从储油罐 101BA 连续地向柴油机日用油箱 102BA 供油，102BA 容量较小，仅能供应柴油发电机组以 1.1 倍的额定功率连续工作一小时。储油罐 101BA 的容量可供柴油发电机组在额定功率下连续工作 7 天，而储油罐的油通过油罐车进行补充。

燃油系统的特点有以下几个方面:

(1) 燃油系统是柴油机的血脉,它的性能好坏对柴油机能否正常工作以及柴油机的性能参数影响很大。

(2) 精密偶件多,对清洁度要求高。柴油机三大偶件:柱塞和套筒、出油阀和阀体及针阀和阀体,均在柴油机燃油系统中。

(3) 工作压力高:喷油器启喷压力为 240±5 bar。

(4) 喷油起止点要求准确、喷油迅速。

4. 压缩空气系统

应急柴油机启动是将具有 34～40 bar 的高压空气,按照柴油机各缸发火顺序在动力冲程开始时冲入气缸,借助于空气压力推动活塞运动,并迫使曲轴旋转达到 150 r/min 以上,喷油发火后,柴油机进入工作状态,停止进气。16PC2-5 型柴油机的压缩空气系统由高压回路(40 bar)和低压回路(7 bar)两部分组成,为了保证柴油机迅速可靠地起动,必须保证足够的空气压力和足够的空气量。而压缩空气系统的空气压力是通过两台活塞式空压机来保证的,空气量是通过两台 2 m^3 的压缩空气储气罐来保证。

5. 进、排气系统

应急柴油机的进排气系统由空气滤清器、废气涡轮增压器、中间冷却器、进气道、排气道、排气管和排气消音器组成。

进气系统的功能是使环境空气经空气滤清器过滤后,流经涡轮增压器的压气机进行增压,然后经中间冷却器进行冷却,最后进入 A/B 列的进气总管供给 16 个气缸作为燃烧空气。在进气系统中有两个涡轮增压器(带空气滤清器)和两个中间冷却器,它们分布在柴油机的自由端,A/B 列各自有一个。涡轮增压器是一个同轴的涡轮机和压气机组合体,其中的涡轮靠柴油机的燃烧废气驱动,从而带动压气机对过滤后的燃烧进气进行压缩,进而提高进气压力、增加进气密度,这样就大大增加了各个缸的进气量,相应地可喷入更多的燃油来达到提高功率的目的。

6. 发电机轴承润滑油系统

发电机轴承润滑油系统是一个独立的润滑油系统,在轴承体外部装有一台小油泵,逻辑上要求该油泵与盘车装置联动,只要盘车机构投运,该油泵就自动启动,在柴油机热备用期间,油泵每天自动运行三分钟以避免在机组备用运行过程中滑油沉积。轴承体中有一定数量的润滑油以及甩油环,甩油环通过发电机轴驱动,从而使轴承体中的润滑油循环进而润滑冷却发电机轴轴承。

第四章　应急柴油机定期检查项目介绍

应急柴油机目前设置的定期检查的 PM 项目有年度检查、五年解体检查及十年解体检查等三种检查项目，项目检查的内容包含如下。

1. 年度检查

(1) 测量曲轴臂距差；
(2) 检查进、排气阀顶杆间隙；
(3) 检查喷油器的启喷压力，雾化情况及密封状况；
(4) 缸套内窥镜检查；
(5) 检查与调整高压油泵齿条位置；
(6) 定时齿轮外观检查；
(7) 空气分配器、凸轮轴、气阀传动机构下半部分和喷油泵顶杆机构外观检查；
(8) 机带滤器/注油器清洗检查；
(9) 涡轮增压器油室、进气滤网检查/清洗/加油；
(10) 为机体部件添加润滑油/脂；
(11) 柴油机本体软管、橡胶密封件和膨胀节检查/更换；
(12) 机架螺栓紧固力矩检查；
(13) 曲轴箱检查；
(14) 柴油机停机手柄弹簧弹力检查；
(15) 机械超速保护装置试验；
(16) 电子超速保护装置试验。

2. 五年解体检查

(1) 测量曲臂差及曲轴箱检查；
(2) 气缸盖解体检查；
(3) 活塞连杆组检查；
(4) 凸轮和滚轮外观检查；
(5) 空气分配器解体检查；
(6) 检查/调整进、排气阀间隙；
(7) 检查喷油器的启喷压力、雾化及密封情况；
(8) 定时齿轮外观检查；
(9) 气缸内部检查；
(10) 机带滤器/注油器清洗检查；
(11) 涡轮增压器油室、进气滤网检查/清洗/加油；
(12) 为机体部件添加润滑油/脂；

(13) 柴油机本体软管、橡胶密封件和膨胀节检查/更换;
(14) 机架螺栓紧固力矩检查;
(15) 停机手柄检查;
(16) 主启动阀检查;
(17) 机械超速保护装置试验;
(18) 电子超速保护装置试验;
(19) 缸套内窥镜检查;
(20) 检查与调整高压油泵齿条位置;
(21) 凸轮轴、气阀传动机构下半部分和喷油泵顶杆机构外观检查。

3. 十年解体检查

(1) 曲轴箱检查门及防爆门密封圈更换;
(2) 凸轮轴箱防爆门检查;
(3) 2、6 档主轴瓦检查;
(4) 16 组喷油器检查;
(5) 16 组缸盖解体检查及水压试验;
(6) 缸盖进气阀检查;
(7) 缸盖排气阀及转阀机构检查;
(8) 缸盖起动阀检查;
(9) 缸套检查;
(10) 16 组活塞检查及活塞环更换;
(11) 16 组活塞连杆检查;
(12) 曲柄销检查;
(13) 高压油泵出油阀检查;
(14) 16 组摇臂解体检查;
(15) 传动齿轮啮合间隙检查;
(16) 弹性连接杆及停车气缸检查;
(17) A/B 列空气分配器检查;
(18) 机带燃油泵安全阀检查;
(19) 机带润滑油泵安全阀检查;
(20) 机带水泵检查;
(21) 涡轮增压器进气滤网清洗检查;
(22) 涡轮增压器进气总管与壳体连接软管更换;
(23) 中冷器密封垫片更换;
(24) A/B 列主启动阀检查;
(25) 润滑油进油总管密封垫圈更换;
(26) 高温水进水总管清理检查;
(27) 高温水出水总管清理检查;
(28) 启动空气总管清理检查;

(29) 流体系统软管更换；
(30) 燃油精滤器检查；
(31) 机架螺栓紧固力矩检查；
(32) 停机手柄检查；
(33) 柴油机磨合试验、品质再鉴定、并网满负荷试验、低负荷试验等运转试验；
(34) 柴油机机械解体大修，机械人员操作盘车等配合性工作。

第五章　应急柴油机试验项目介绍

柴油机试验分为压缩空气系统启动试验、厂用电失电情况下柴油机启动试验、柴油机满负荷试验、柴油机低负荷试验，对应运行的试验程序为 PT1LHP004、PT1LHP003、PT1LHP002、PT1LHP001(以 LHP 系统柴油机为例)。

压缩空气系统储气罐中的压缩空气为柴油机启动、停机以及超速停机提供动力气源。而压缩空气系统启动试验目的为验证空压机的供气能力，即要求空压机在 10 min 内将对应的储气罐的压力由 3 400 kPa 充气至 4 000 kPa。若无法满足要求，则需要对系统进行查漏或对空压机进行检修。

在依据运行程序对柴油机进行相关试验前，需先进行柴油机检修后的品质再鉴定试验，以验证柴油机经过检修后各项参数可以满足要求。在进行运行相关试验时需对以下参数(见表 5-1～表 5-5)进行检查。

表 5-1　002PP 参数

	高温水压力 PI200/kPa	低温水压力 PI231/kPa	燃油压力 PI104/kPa	润滑油压力 PI150/kPa	压缩空气 A 列压力 PI258/kPa	压缩空气 B 列压力 PI259/kPa
启动前						
	高温水进口温度 TI203/℃	高温水出口温度 TI204/℃	低温水进口温度 TI231/℃	低温水出口温度 TI230/℃	润滑油油温 TI151/℃	超速保护空气罐压力/kPa
启动前						

表 5-2　主轴承温度

	1 号轴承 A01/℃	2 号轴承 A02/℃	3 号轴承 A03/℃	4 号轴承 A04/℃	5 号轴承 A05/℃	6 号轴承 A06/℃	7 号轴承 A07/℃	8 号轴承 A08/℃	9 号轴承 A09/℃
启动前									

表 5-3　发电机温度

	发电机轴承温度 A17/℃	发电机定子绕组 1 A18/℃	发电机定子绕组 2 A19/℃	发电机定子绕组 3 A20/℃	发电机定子绕组 4 A21/℃	发电机定子绕组 5 A22/℃	发电机定子绕组 6 A23/℃
启动前							

表 5-4 各汽缸温度

	A1 缸 A01/℃	A2 缸 A02/℃	A3 缸 A03/℃	A4 缸 A04/℃	A5 缸 A05/℃	A6 缸 A06/℃	A7 缸 A07/℃	A8 缸 A08/℃
启动前								
	B1 缸 A17/℃	B2 缸 A18/℃	B3 缸 A19/℃	B4 缸 A20/℃	B5 缸 A21/℃	B6 缸 A22/℃	B7 缸 A23/℃	B8 缸 A24/℃
启动前								

表 5-5 各辅助系统油位及水介质温度

	空气分配器注油器 A 列油位	空气分配器注油器 B 列油位	发电机轴承箱油位	空压机 A 列油位	空压机 B 列油位	中冷器 A 列出口水温/℃	中冷器 B 列出口水温/℃
启动前							

对以上参数进行检查时发现任何异常均需要及时汇报并在得到确切的处理方案后方可进行现场处理,在异常得到处理后才可进行相关的运行试验。

运行各试验项目的步骤及相关操作详见运行试验规程。在试验过程中需要对以下参数(见表 5-6～表 5-10)进行检测。

表 5-6 002PP 参数

	高温水压力 PI200/kPa	低温水压力 PI231/kPa	燃油压力 PI104/kPa	润滑油压力 PI150/kPa	压缩空气 A 列 压力 PI258/kPa	压缩空气 B 列 压力 PI259/kPa
运行中						
	高温水进口 温度 TI203/℃	高温水出口 温度 TI204/℃	低温水进口 温度 TI231/℃	低温水出口 温度 TI230/℃	润滑油油温 TI151/℃	超速保护空气 罐压力/kPa
运行中						

表 5-7 主轴承温度

	1 号轴承 A01/℃	2 号轴承 A02/℃	3 号轴承 A03/℃	4 号轴承 A04/℃	5 号轴承 A05/℃	6 号轴承 A06/℃	7 号轴承 A07/℃	8 号轴承 A08/℃	9 号轴承 A09/℃
运行中									

表 5-8 发电机温度

	发电机轴承温度 A17/℃	发电机定子绕组 1 A18/℃	发电机定子绕组 2 A19/℃	发电机定子绕组 3 A20/℃	发电机定子绕组 4 A21/℃	发电机定子绕组 5 A22/℃	发电机定子绕组 6 A23/℃
运行中							

表 5-9 各汽缸温度

	A1 缸 A01/℃	A2 缸 A02/℃	A3 缸 A03/℃	A4 缸 A04/℃	A5 缸 A05/℃	A6 缸 A06/℃	A7 缸 A07/℃	A8 缸 A08/℃
运行中								
	B1 缸 A17/℃	B2 缸 A18/℃	B3 缸 A19/℃	B4 缸 A20/℃	B5 缸 A21/℃	B6 缸 A22/℃	B7 缸 A23/℃	B8 缸 A24/℃
运行中								

表 5-10 各辅助系统油位及水介质温度

	空气分配器注油器 A 列油位	空气分配器注油器 B 列油位	发电机轴承箱油位	空压机 A 列油位	空压机 B 列油位	中冷器 A 列出口水温/℃	中冷器 B 列出口水温/℃
运行中							

各参数的参考值如表 5-11 和表 5-12 所示，在超过参考值后需要对异常进行检查。

表 5-11 各参数的参考值

传感器	描述	参考值
002 ID*	发电机有功功率	—
003 ID*	发电机无功功率	—
001 ID*	发电机电流	
005 ID*	发电机电压	6.3 kV
006 ID*	发电机频率	50 Hz
007 ID*	励磁电流	
200 LP	高温水入口压力	⩾350 kPa
231 LP	低温水入口压力	⩾400 kPa
104 LP	燃油入口压力	⩾350 kPa
150 LP	润滑油入口压力	450 kPa⩽P⩽650 kPa
203 LT	高温水入口温度	78±5 ℃
204 LT	高温水出口温度	⩽90 ℃
231 LT	低温水入口温度	⩽51 ℃
230 LT	低温水出口温度	<54.5 ℃
151 LT	润滑油入口温度	⩽63 ℃
001 ID	发电机转速	500 r/min

表 5-12　参数的报警定值与跳闸值

描述	报警定值	跳闸值
汽缸排气温度	—	520 ℃
汽缸排气温度平均值	470 ℃	—
汽缸排气温度偏差	70 ℃	—
涡轮增压器进口温度	—	650 ℃
涡轮增压器出口温度	—	650 ℃
主轴承	85 ℃	90 ℃
发电机轴承	95 ℃	105 ℃
发电机定子线圈	125 ℃	145 ℃

试验大纲对各参数要求的标准如表 5-13 所示。

表 5-13　试验大纲对各参数的要求

试验设备	定期试验监督大纲标准
发电机启动时间(001QA)	t<10 s
发电机有功功率(002QD)	6 000 kW
发电机无功功率(003QD)	4 500 kVA
发电机电流(001QD)	687 A
发电机电压(005QD)	6.3±10% kV
发电机速度控制(006ID)	F_n=50±0.5 Hz
额定功率下柴油机汽缸排气温度： (300,301,302,303,304,305,306,307MT 310,311,312,313,314,315,316,317MT	T≤520 ℃
额定功率下某个汽缸温度与平均温度之差	ΔT≤50 ℃
发电机绕组温度： (333,334,335,336,337,338MT)	T≤145 ℃
主轴承温度： (320,321,322,323,324,325,326,327 328MT)	T≤85 ℃

第六章　常见故障检查和处理

常见故障检查和处理见表6-1。

表6-1　常见故障检查和处理

故障特征	故障原因	故障排除
柴油机不能起动	起动空气压力过低	检查起动空气系统
	主起动阀卡涩	解体检修主起动阀
	起动连锁(包括盘车机构未脱开、润滑油压力过低、液位过低等)	查找连锁因素,并处理异常情况
排气温度过高	柴油机超负荷运行	调整负荷至额度负荷
	增压压力过低	对增压器进行检查
	低温冷却水压力不稳定,冷却效果差	对低温水回路进行排气、检查
主轴瓦损坏	轴瓦表面划伤	对轴瓦进行检修
	轴瓦合金层剥离	对轴瓦进行更换
	腐蚀磨损(主要是润滑油质量不合乎要求)	检查润滑油系统,必要时对润滑油进行过滤或更换
润滑油系统故障	润滑油进机压力低(过滤器堵塞)	清洗润滑油过滤器
	润滑油温度过高(低温冷却水供应不足、润滑油冷却器故障、调温阀故障)	检查低温冷却水系统、检修调温阀、解体油冷却器

第七章　经验反馈

1. 故障一

事件描述：2015.11.21 夜班主控触发 2LHQ001AA（柴油机一般故障），现场查看为 001PP 上有“柴油机/发电机温度扫描仪故障”，在 OO1PP 上无法复位，在 002PP 上查看为 2LHQ002ZC 上有 SENS.FAU 故障灯亮，未发现故障温度探头，002ZC 上复位后报警消失，需要维修检查报警触发原因。

故障原因：报警原因为 2LHQ354PJ 渗油，触发 A06（325MT）主轴承 6 温度高，从而触发主控室 2LHQ001AA 报警。

纠正行动：等到 D211 大修 2LHQ 柴油机具备开缸解体检查条件时，进入柴油机内部检查 2LHQ354PJ 接头的内部垫圈。

2. 故障二

事件描述：2015 年 1 月 5 日夜班，在对 2 号 SDG 的 B 侧启动空气加油器巡检时，发现该油位已经为零，同时在地面也没有发现油迹，认为此情况已不仅仅是简单的漏油，后经确认，空气加油器内缺失的油已经通过相应管线漏入柴油机本体内部，并且此 B 侧启动空气加油器组件密封件已经完全老化，需要整体更换。

故障原因：SDG 的启动空气加油器，启动空气过滤器，启动空气分配器都是用于 SDG 启动控制的，SDG 的启动空气先进入过滤器过滤，再路经加油器，加油器向启动空气中注入少量润滑油，启动空气再进入空气分配器。在 SDG 启动完成后，启动空气加油器，启动空气过滤器，启动空气分配器都不再工作，因此启动空气加油器漏油不会影响 SDG 的正常运行。启动空气加油器出现了内漏，内漏的润滑油通过管道进入了启动空气过滤器底部，不会影响启动空气的流通通道，泄漏到管道中的润滑油会直接润滑启动空气，因此对启动空气加油的功能也能实现，因此启动空气加油器泄漏润滑油也不会影响 SDG 的启动。此泄漏目前可通过人员的巡检及处理来消除其影响，但增加了现场人员的工作量，需要进一步处理。启动空气加油器泄漏的原因在于内部密封件的失效，此前我厂已采购启动空气加油器的整体备件，并采购了启动空气加油器的所有密封件，并都已到货，具备整体更换的备件条件。鉴于目前暂不影响 SDG 的启动及运行，OT108 大修已临近，评估认为可将更换 UNIT1 2 号 SDG B 侧启动空气加油器的工作放到大修期间执行。其他 SDG 的启动空气加油器的更换工作已经在 SDG 的解体大修工作中安排，并将在 OT108、OT208、OT109、OT209 期间陆续执行，可以防止启动空气加油器的泄漏问题再次出现。

综上所述，UNIT1 2 号 SDG 的 B 侧启动空气加油器泄漏润滑油不影响 UNIT1 2 号 SDG 的启动及运行，缺陷的消除工作安排在 OT108 期间实施，现场有消除缺陷所需的备件，其他各台 SDG 的启动空气加油器检查及更换工作也已经安排，此状态报告不需要进一步的行动。

第八章 习 题

8.1 选择题

1. 应急柴油机的四个冲程,分别为进气、压缩、燃烧膨胀、(A)。

A. 排气　　B. 做功

2. 日用油箱 102BA 的容量可以保证柴油机以 1.1 倍的额定功率连续运行(C)小时。

A. 2 小时　　B. 4 小时　　C. 1 小时

3. 柴油机各分系统中,冷却缸盖和缸盖的系统是(A)。

A. 高温水系统　　B. 低温水系统　　C. 润滑油系统　　D. 进排气系统

8.2 判断题

1. 柴油机结构简单,检修人员无需了解其结构即可开展检修工作。 (×)
2. 为柴油机进气提供冷却的是低温水系统。 (√)

8.3 简述题

柴油机的一个工作循环一般包含哪四个工作过程?

答:进气、压缩、燃烧膨胀、排气。

第六部分　风　管

第一章　操作准备

1.1　原理描述

风管是用于空气输送及分配的管道系统。其用于通风空调工程,例如通风系统、空气调节系统、空气洁净系统。

风管可按截面、材质、连接形式等分类。按截面形状,风管可以分为圆形风管、矩形风管、扁圆风管等多种;按连接形式,风管可以分为法兰连接和无法兰连接风管(也称为共板法兰风管);按风管制作方式可以分为咬口风管和焊接风管;按材质,风管可以分为金属风管和非金属风管。常见的金属风管和非金属风管主要有以下几种:

金属风管
- 镀锌钢板风管：材质为Q235B 冷轧镀锌钢板咬口连接
- 不锈钢板风管：材质为1Cr17（430）不锈钢板咬口连接
- 气密不锈钢板风管：材质为2 mm厚316L不锈钢板焊接
- 普通碳钢板风管：材质为1.5 mm 厚Q235B碳钢板焊接
- 气密碳钢板风管：材质为Q235B碳钢板焊接
- 铝板风管：材质为1050A铝板，厚度为1.0 mm

非金属风管
- 混凝土风道
- 无机玻璃钢风管
- 有机玻璃钢风管
- 复合类风管
- 柔性风管
- 硬聚氯乙烯风管
- 防火风管

1.2　文件准备

风管技能培训为课可以模拟现场工作,工作中需准备有完整的工作包,包括工作指令单、质量计划、风险分析、领料、隔离指令等，工前会、工后会、设备信息收集单等。

1.3 工器具准备

不锈钢板尺、角尺、水平尺、卷尺、标记墨。

1.4 模拟体准备

可准备适量板材或几节已做好的带法兰管段，模拟简易的通风系统。

1.5 辐射防护准备

无。

1.6 工业安全准备

按照工业安全规定执行，所有人员穿戴劳动保护用品。具体的工业安全准备需根据现场环境而确定，但基本的工业安全需要准备。所有人员必须佩戴安全帽、防砸鞋、工作服、手套等。检修场地使用警示带进行围栏，确保工作过程中无非工作人员进入。

1.7 配合人员准备

无。

1.8 场地准备

现场铺设白布用于摆放工器具；铺设橡胶板用于放置气动执行机构；清理场地，确保检修场地无其他异物；合理分配场地，确保工具、设备的合理分布，方便检修；在场地外围布置警示带。

第二章　操作实施

2.1　操作实施 1:风管与法兰连接

具体操作步骤、要求见表 2-1。

表 2-1　风管与法兰连接操作实施

序号	操作步骤	操作要求	工器具	测评标准	备注
1	对接	将法兰套入风管	无	法兰面与风管变平整	要求法兰孔间距
2	铆接	用铆钉枪将法兰与风管连接固定	拉铆枪	按规范要求孔距	
3	密封	用密封胶在咬口缝等处进行密封			

法兰孔间距图如图 2-1 所示。

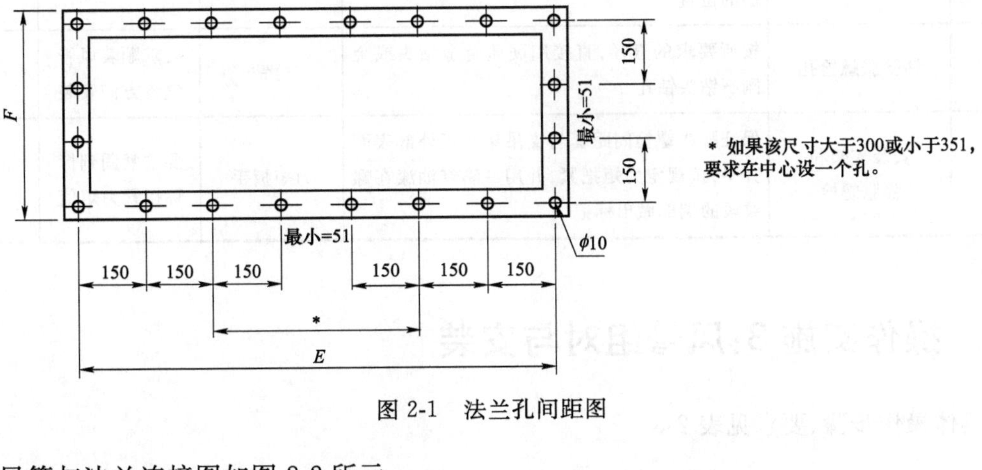

图 2-1　法兰孔间距图

风管与法兰连接图如图 2-2 所示。

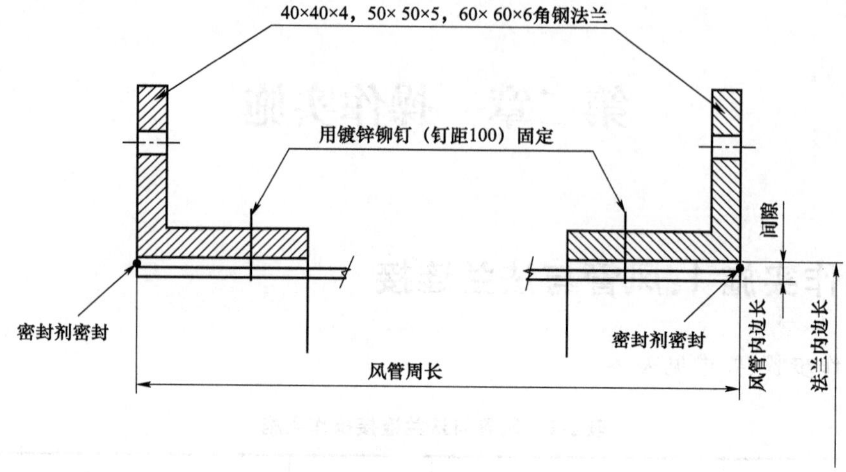

图 2-2　风管与法兰连接图

2.2　操作实施 2:支架安装

具体操作步骤、要求见表 2-2。

表 2-2　支架安装操作实施

序号	操作步骤	操作要求	工器具	测评标准	备注
1	划线	根据支吊架组装图和钢筋的实际位置划出钻孔的理论中心位置	活动扳手、螺丝刀、线坠		
2	钢筋探测	确定钢筋的位置和深度，并且在墙上标出钢筋的位置	钢筋探测仪		
3	钻膨胀螺栓孔	按所要求的直径，直接用硬质合金钻头或金刚石钻头钻孔	电钻	要求顺着风管气流方向安装	
4	安装支架和膨胀螺栓	保证膨胀螺栓间距套与支吊架底板外部表面齐平；按规定力矩把紧，并用一滴红油漆在螺纹段的端部做出标记	力矩扳手	要求紧固到标称扭紧力矩值	

2.3　操作实施 3:风管组对与安装

具体操作步骤、要求见表 2-3。

表 2-3　风管组对与安装操作实施

序号	操作步骤	操作要求	工器具	测评标准	备注
1	安装垫片	选用合适的垫片粘贴在风管法兰上		垫片粘贴平整	

续表

序号	操作步骤	操作要求	工器具	测评标准	备注
2	风管组对	按法兰孔对齐		组对前应检查管内清洁度	
3	安装螺栓	螺栓安装加两个垫圈(螺栓头处一个,螺母处一个);框架在组装时,应采用“十字交错”方法拧紧	螺丝刀	螺栓要求顺着风管气流方向安装	
4	风管安装	风管抬到支架上对正法兰,逐节进行安装	线坠		
5	安装符合性检查	应检查确认全部接合缝具有正确的接合	电筒、线坠	用漏光法检查咬口缝的密封	

根据设计文件要求选择垫片,垫片形式取决于组装时它们的功能,具体见以下要求,如镀锌风管垫片选用原则如下。

A 型:用于风管的管段连接。

闭孔氯丁橡胶垫片,在垫片一侧面有自粘胶;横断面为 10 mm×4 mm;

C 型:当风管在混凝土上连接(例如用夹持件或密封板将风管固定在混凝土墙上)。

用一种稳定的氯丁橡胶加上氧化处理的石蜡油组成的浸渍液,浸渍泡沫塑料垫片;横断面为 20 mm×20 mm。

D 型:用于排烟的镀锌风管段的连接(DVN 系统)。

陶瓷水泥垫片;厚度为 6.4 mm。

2.4 实施中需要特别注意的几个关键点

1. *风管管段检查要求*

(1) 风管与配件的咬口缝应紧密,宽度应一致;折角应平直,圆弧应均匀;两端面平行。风管无明显扭曲与翘角;表面应平整,凹凸不大于 10 mm。

(2) 风管外边长的允许偏差:当小于或等于 300 mm 时,为 2 mm;当大于 300 mm 时,为 3 mm。管口平面度的允许偏差为 2 mm,矩形风管两条对角线长度之差不应大于 3 mm。

(3) 风管法兰的焊缝应熔合良好、饱满,无假焊和孔洞;法兰平面度的允许偏差为 2 mm,同一批量加工的相同规格法兰的螺孔排列应一致,并具有互换性。

(4) 风管与法兰采用铆接连接时,铆接应牢固、不应有脱铆和漏铆现象;翻边应平整、紧贴法兰,其宽度应一致,且不应小于 6 mm;咬缝与四角处不应有开裂与孔洞。

2. *安装技术要求*

(1) 风管安装前,应清除内、外杂物,并做好清洁和保护工作。

(2) 风管安装的位置、标高、走向,应符合设计要求。现场风管接口的配置,不得缩小其有效截面。

(3) 连接法兰的螺栓应均匀拧紧,其螺母宜在同一侧。

(4) 风管接口的连接应严密、牢固。风管法兰的垫片材质符合设计要求。垫片不应凸入管内,亦不宜突出法兰外。

(5) 风管安装前应对风管内壁进行清洁,安装完毕应对风口、连接口等部位用聚氯乙烯塑料布包敷保护。

(6) 安装完成后进行验收检查,符合性检查内容包括:风管走向是否和图纸相符;螺栓是否拧紧;风管及支架油漆是否符合设计要求;风口的规格及安装位置是否和设计相符;阀门的规格和安装方向是否符合设计要求;阀门的操作装置是否灵活;风管导流叶片设置是否符合设计要求;风管水平度、垂直度是否符合验收规范的要求等。对不符合要求的项目要进行整改才能进行最终的质量计划关闭。

第三章　故障检查和处理

1. 常见故障现象和判断方法检查和处理

常见故障现象和判断方法检查和处理见表 3-1。

表 3-1　常见故障现象和判断方法检查和处理

序	故障现象	判断方法	故障原因分析	故障排除方法
1	漏风	漏光检测：用强光源对风管的咬口、接缝、法兰及其他连接处进行透光检查，确定孔洞、缝隙等渗漏部位	法兰连接螺栓松动	紧固
2	金属风管壁腐蚀缺陷	表面锈蚀	潮湿	更换风管

2. 特殊故障现象和判断方法

无。

3. 特殊故障原因分析和故障排除方法

无。

第四章 操作结束

1. 总结培训过程

操作结束后对风管安装情况进行符合性检查。

2. 评价

法兰连接风管采用螺栓紧固,紧固时螺栓头应朝向一个方向以十字交替紧固的方式紧固螺栓。法兰间垫片应设在螺栓孔与法兰内边之间,垫片应沿法兰周长闭合,不得脱落或断开。

3. 清理现场

工作结束后,做到工完料尽场地清。工具整理并与工具清单进行对比,确保工具无缺失,记录损坏情况并汇报。清理工作过程中的耗材,进行分类处理,放置到对应的塑料袋中。清理现场的塑料布、橡胶板,必要时用白布清理现场。

4. 工后会

工后会是对整个工作的过程的回顾以及必要的经验反馈。

回顾工作过程:工作许可证已归还,场地已清理,设备标牌完好,对检修任务进行评价,是否达到预期的目的,试验设备与工器具已经归还。

工作后的经验反馈是对以后同类型的风管工作的经验积累,以提高工作的检修技能,能够更好地完成检修工作。

第五章　经验反馈

无。

第六章 习 题

6.1 选择题

1. 风管主要采用哪种连接形式(A)。

A. 有法兰连接　　B. 无法兰连接　　C. 共板法兰连接

2. 镀锌咬口风管加固一般采用起凸方式,起凸间距一般不超过(A)。

A. 300　　B. 500　　C. 100

6.2 判断题

1. 风管螺栓安装可根据现场空间采用最方便的方向安装。 (×)

2. 风管检修时可不对风管实施隔离。 (×)

6.3 简述题

1. 常见风管材质有哪些?

答:按材质,风管可以分为金属风管和非金属风管。

常见的金属风管主要有以下几种:

- 镀锌钢板风管:材质为 Q235B 冷轧镀锌钢板咬口连接。
- 不锈钢板风管:材质为 1Cr17(430)不锈钢板咬口连接。
- 气密不锈钢板风管:材质为 2 mm 厚 316L 不锈钢板焊接。
- 普通碳钢板风管:材质为 1.5 mm 厚 Q235B 碳钢板焊接。
- 气密碳钢板风管:材质为 Q235B 碳钢板焊接。
- 铝板风管:材质为 1050A 铝板,厚度为 1.0 mm。

常见的非金属风管主要有以下几种:

- 混凝土风道;
- 无机玻璃钢风管;
- 有机玻璃钢风管;
- 复合类风管;
- 柔性风管;
- 硬聚氯乙烯风管;
- 防火风管。

2. 安装完成后符合性检查主要进行哪些方面?

答:安装完成后进行验收检查,符合性检查内容包括:

- 风管走向是否和图纸相符；
- 螺栓是否拧紧；
- 风管及支架油漆是否符合设计要求；
- 风口的规格及安装位置是否和设计相符；
- 阀门的规格和安装方向是否符合设计要求；
- 阀门的操作装置是否灵活；
- 风管导流叶片设置是否符合设计要求；
- 风管水平度、垂直度是否符合验收规范的要求等。

对不符合要求的项目要进行整改才能进行最终的质量计划关闭。

6.4　实操题

鉴定点：风管组对与安装

试题 1：风管组对与安装

1. 准备要求

考场准备：

(1) 试题名称：风管组对与安装

(2) 本题分值：20

(3) 考核时间：20 min

(4) 考核形式：实操

(5) 设备设施准备：

序号	名称	规格	单位	数量	备注
1	风管	300×300 镀锌咬口风管	节	4	教学用模拟体一台、咬口风管，标记风管流向
2	支架	400 长带底板	个	3	
3	工具				安装及检查用工具
4	材料	密封垫片等			

考生准备：

(1) 试题名称：风管组对与安装

(2) 本题分值：20

(3) 考核时间：20 min

(4) 考核形式：实操

(5) 工具及其他准备：无

2. 考核要求

(1) 本题分值：20

(2) 考核时间：20 min

(3) 考核形式:实操

(4) 具体考核要求:根据安装图纸及操作规程,熟悉其关键点,安装完成后进行符合性检查

(5) 否定项说明:无

3. 配分与评分标准

序号	考核内容	考核要点	配分	评分标准	扣分	得分
1	安装后符合性检查合格	熟悉安装后检查的关键点		支架安装不垂直扣4分; 透光检查不合格扣4分; 垫片及螺栓方向错误扣4分		

否定项:风管组对前未进行异物检查。

评分人: 年 月 日 核分人: 年 月 日